우리 몸에 좋은
버섯작은사전
250

솔뫼 선생과 함께 찾는
땅버섯 · 돌버섯 · 나무버섯 · 기생버섯

우리 몸에 좋은
버섯작은사전
250

글·사진 솔뫼

Green Home

알면 약이 되고, 모르면 독이 되는 버섯

산으로 둘러싸인 우리나라에는 7천여 종의 식물과 2천여 종의 버섯이 서식하고 있으며, 예로부터 식용과 약용으로 활용되어 온 귀중한 자원이다.

특히 버섯은 우리 주변에서 흔히 볼 수 있지만 대부분 이용하기 어렵다고 생각하는 이유가 독버섯에 중독될 위험 때문이다. 버섯 중에는 1~2개만 먹어도 사망에 이르는 치명적인 독버섯도 있고, 한번 먹으면 몸속에서 독성이 배출되지 않고 오랜 시간에 걸쳐 서서히 오장육부를 망가뜨리는 독버섯도 있다.

사실 버섯의 모양과 이름만 대충 알아서는 식용버섯, 약용버섯, 독버섯을 구분해 내기가 여간 어렵지 않다. 버섯은 한두 계절이라는 짧은 기간에 나왔다 없어지는 경우가 대부분이며, 서식지 환경이나 생장 단계에 따라 색과 모양의 변화가 심하기 때문이다. 풀과 나무와는 달리 성분도 알려지지 않은 것이 많다.

게다가 버섯은 모양과 생태가 아닌 유전자 분석으로 분류하는데 연구에 따라 분류체계, 학명, 이름이 바뀌는 경우가 매우 많아서 혼동하기도 쉽다. 최근에는 학명이 새로운 이름으로 바뀌거나 버섯 이름 자체가 바뀐 경우가 많은데, 이는 모양이나 색이 아닌 유전자로 버섯의 분류군을 정하기 때문이며, 많은 버섯들이 생김새가 비슷한데도 완전히 다른 새로운 과명이나 속명을 얻게 된 것도 이 때문이다.

이 책은 누구나 쉽게 버섯을 공부하고 실생활에서 유용하게 활용하는 데 초점을 맞췄다.

모양별, 서식지별 유사성에 따라 크게 〈땅에 나는 버섯〉, 〈나무에 나는 버섯〉으로 나누어 다양한 버섯을 소개하고 있는데, 옥수수깜부기병균이나 동충하초 등의 기생버섯은 편의상 〈나무에 나는 버섯〉에 포함시켰다. 또한 같은 과라도 생태와 모양이 전혀 다른 버섯들이 많은 것을 고려하여 버섯을 좀 더 쉽게 이해할 수 있도록 기존에 알려진 이름이나 모양이 비슷한 버섯들을 한데 모았다.

이 책이 자연을 가까이하며 버섯을 공부하는 모든 사람들에게 도움이 되기를 바란다.

이 책의 구성

이 책에서 소개하는 버섯은 크게 다음과 같은 순서로 분류하였다.
첫째, 서식지별 분류 (땅에 나는 버섯 → 나무에 나는 버섯 → 기타 버섯)
둘째, 버섯의 크기 순서(대형 → 중형 → 소형 → 기타 특이한 형태)
셋째, 혼동하기 쉬운 이름, 형태, 색 유사종(예를 들면 갓버섯, 싸리버섯 종류에서 색과 형태를 고려하여 과명이나 속명이 다른 버섯도 함께 묶음)
따라서 알고 싶은 버섯을 찾아보고, 앞뒤 페이지의 유사종을 찾아 비교해가면서 눈에 익히면 도움이 될 것이다.

이와 별도로 독버섯 종류 중 가장 치명적인 광대버섯들은 앞에서 가장 먼저 소개하였는데, 이는 다른 식용버섯들과 혼동하기 쉽고 중독사고가 많이 일어나므로 다른 어떤 버섯보다도 먼저 더 자세히 확실하게 알아둘 필요가 있기 때문이다.

또한 이 책은 가장 최근에 정해진 버섯 이름이나 속명을 기준으로 하였으며, 기존의 버섯 이름이나 학명에 익숙한 사람들을 위하여 버섯 이름 옆 괄호 안에 옛 이름도 함께 나열하였다.

버섯의 독성 표시

버섯의 독성은 이해하기 쉽게 다음의 4단계로 나누어 표시하였다.

- 약간 독성_ 체질에 따라 중독증상이 일어나고, 어느 정도 시간이 흐르면 회복되는 독성.
- 일반 독성_ 빨리 응급처치를 하면 회복될 수 있는 독성.
- 준맹독성_ 의사의 치료를 받으면 어느 정도 회복될 수 있으나 많이 먹으면 죽음에 이를 수 있는 독성.
- 맹독성_ 1~2조각만 먹어도 죽을 수 있으며, 반드시 의사에게 치료를 받아야 하는 독성.

버섯 중독 예방법과 대처 요령

1. 정확히 알지 못하는 버섯은 먹지 않는다

독버섯은 일단 먹으면 단순히 식중독으로 그치는 것이 아니라 죽음으로 이어지기도 하기 때문에 반드시 주의해야 한다. 특히 버섯은 자라면서 변형이 심해서 어릴 때 모습과 다 자란 뒤의 모습이 전혀 다른 경우가 많으므로 각별히 주의한다.

2. 독버섯은 정해진 모양이나 색이 없다

흔히 알고 있듯이 빨갛고 노랗고 무섭게 생긴 독버섯만 있는 것이 아니다. 갈색, 회색, 흰색 등 무채색인 버섯 중에도 맹독성이 있고, 조금씩 모양이 다른 변종이 매우 많으므로 조금이라도 의심스러운 버섯은 아예 먹지 말아야 한다.

3. 맛있는 독버섯도 있으므로 맛을 믿어서는 안 된다
일반적으로 독버섯은 이상한 냄새, 쓴맛, 목에 걸리는 느낌 등이 있다고 알려져 있지만, 중독사고로 사망한 환자들 중에는 독버섯의 맛이 매우 좋았다고 증언한 기록이 있으므로 맛으로 독버섯인지 아닌지를 판단해서는 안 된다.

4. 삶거나 소금에 절여도 독성이 없어지지 않는다
지역에 따라 독버섯을 소금에 절이거나 삶아서 물에 우려내 먹는 경우가 있는데, 생식독(날로 먹었을 때 중독되는 독성)을 제외하고는 독성이 없어지지 않는 버섯들도 있으므로 주의한다.

5. 독버섯에 중독되었을 때 대처 방법
독버섯에 중독된 경우 자가치료는 절대 금물이며, 빨리 119에 긴급구조를 요청하는 것이 가장 중요하다. 구급차가 도착할 때까지 환자가 의식이 있고 경련을 일으키지 않은 상태라면 소금물을 마시고 토하게 하는 것도 도움이 된다. 또한 버섯에 따라 해독제가 다르므로 진료에 도움이 되도록 먹고 남은 버섯을 비닐봉지에 담아 의료기관에 함께 보낸다.

CONTENTS

알면 약이 되고, 모르면 독이 되는 버섯 004
찾아보기 620

땅에 나는 버섯

001 잿빛가루광대버섯 ⊗☠ · 016
002 뱀껍질광대버섯 ⊗☠ · 019
003 암회색광대버섯아재비
   ⊗☠ · 022
004 맛광대버섯 ⊗☠ · 025
005 긴골광대버섯아재비
   ⊗☠ · 027
006 우산버섯 ⊗☠ · 029
007 고동색우산버섯 ⊗☠ · 032
008 마귀광대버섯 ⊗☠ · 035
009 구슬광대버섯 ⊗☠ · 038
010 붉은점박이광대버섯
   ⊗☠ · 041
011 암적색분말광대버섯
   ⊗ · 044
012 달걀버섯 🍴⊕ · 047
013 노란달걀버섯 🍴 · 050
014 개나리광대버섯
   (알광대버섯아재비) ⊗☠ · 053
015 노란가루광대버섯 ⊗ · 055
016 애광대버섯 ⊗☠ · 058
017 파리버섯 ⊗☠ · 061

018 백황색광대버섯 ⊗ · 063
019 큰주머니광대버섯 ⊗☠ · 066
020 붉은껍질광대버섯 ⊗ · 069
021 흰돌기광대버섯 ⊗☠ · 071
022 일본광대버섯 ⊗☠ · 074
023 긴뿌리광대버섯 ⊗ · 076
024 뿌리광대버섯 ⊗☠ · 078
025 회색점광대버섯 ⊗ · 080
026 양파광대버섯 ⊗☠ · 082
027 흰가시광대버섯 ⊗ · 084
028 흰닥지광대버섯 ⊗ · 087
029 노란막광대버섯(신알광대버섯)
   ⊗☠ · 090
030 알광대버섯 ⊗☠ · 093
031 흰알광대버섯 ⊗☠ · 095
032 독우산광대버섯 ⊗☠ · 097
033 큰갓버섯 🍴⊕☠ · 100
034 망토큰갓버섯 ⊗ · 103
035 흰갈대버섯(흰큰우산버섯)
   ⊗☠ · 105
036 무당버섯(냄새무당버섯)
   ⊗☠ · 108

037 혈색무당버섯 🍴➕ · 111
038 수원무당버섯 🍴 · 114
039 청머루무당버섯 🍴➕ · 117
040 흰꽃무당버섯 🚫 · 120
041 흰무당버섯아재비 🍴☠ · 122
042 푸른주름무당버섯(흰무당버섯)
　　🍴➕ · 124
043 노란무당버섯 🚫 · 127
044 기와버섯 🍴➕ · 130
045 절구버섯 🍴➕ · 133
046 흙무당버섯 🚫☠ · 136
047 회갈색무당버섯 🚫➕ · 139
048 깔때기무당버섯 🚫☠ · 141
049 담갈색무당버섯 🚫 · 144
050 젖버섯 🍴➕ · 147
051 젖버섯아재비 🍴➕ · 150
052 당귀젖버섯 🚫➕ · 152
053 노란젖버섯 🚫☠ · 154
054 넓은갓젖버섯 🍴➕ · 156
055 고염젖버섯 🚫☠ · 158
056 솜털젖버섯 🚫 · 160
057 새털젖버섯 🚫☠ · 163
058 굴털이젖버섯 🍴➕☠ · 165
059 그물버섯 🍴➕ · 168
060 구릿빛그물버섯 🍴 · 171
061 수원그물버섯 🍴 · 174
062 짙은융단그물버섯 🚫 · 177
063 산그물버섯 🍴 · 179

064 산속그물버섯아재비
　　🍴☠ · 182
065 붉은대그물버섯 🍴☠ · 185
066 붉은그물버섯 🍴➕ · 188
067 흑자색그물버섯 🍴➕ · 191
068 귀신그물버섯(솜귀신그물버섯)
　　🍴➕ · 194
069 털귀신그물버섯
　　(솔방울귀신그물버섯) 🍴 · 196
070 접시껄껄이그물버섯
　　(껄껄이그물버섯) 🍴☠ · 199
071 주름껄껄이그물버섯
　　(홀트껄껄이그물버섯) 🚫 · 202
072 거친껄껄이그물버섯
　　🚫☠ · 204
073 노란대망그물버섯
　　(밤색갓그물버섯) 🍴 · 206
074 회색망그물버섯(검정그물버섯)
　　🚫 · 209
075 검은망그물버섯(검은쓴맛그물버섯)
　　🚫 · 212
076 매운그물버섯 🍴 · 215
077 털밤그물버섯 🍴 · 217
078 긴대밤그물버섯(키다리밤그물버섯)
　　🚫 · 219
079 좀노란밤그물버섯
　　(좀노란그물버섯) 🚫 · 221
080 가죽밤그물버섯 🍴 · 224

081 분말그물버섯(노란분말그물버섯)
　　🍽️➕ · 227
082 주홍분말그물버섯 🚫 · 230
083 적색신그물버섯 🍽️ · 232
084 녹색쓴맛그물버섯 🚫☠️ · 235
085 은빛쓴맛그물버섯 🚫☠️ · 238
086 제주쓴맛그물버섯 🚫 · 240
087 융단쓴맛그물버섯 🍽️☠️ · 243
088 흑자색쓴맛그물버섯
　　🚫☠️ · 245
089 일본연지그물버섯 🚫 · 248
090 자주둘레그물버섯 🍽️ · 250
091 흰둘레그물버섯 🚫☠️ · 253
092 비단그물버섯 🍽️➕☠️ · 256
093 젖비단그물버섯 🍽️➕☠️ · 259
094 황소비단그물버섯 🍽️➕ · 262
095 붉은비단그물버섯 🍽️ · 265
096 청변민그물버섯
　　(회갈색민그물버섯) 🚫☠️ · 268
097 능이버섯 🍽️➕☠️ · 270
098 개능이 🚫➕ · 273
099 고리갈색깔때기버섯 🚫 · 275
100 굴뚝버섯(흰굴뚝버섯)
　　🍽️➕☠️ · 278
101 다발방패버섯(다발구멍장이버섯)
　　🍽️➕ · 280
102 꽃방패버섯(꽃구멍장이버섯)
　　🚫➕☠️ · 283

103 푸른끈적버섯 🍽️➕ · 286
104 풍선끈적버섯 🚫☠️ · 288
105 적갈색끈적버섯 🍽️ · 290
106 황소끈적버섯 🚫 · 292
107 노랑끈적버섯 🍽️ · 294
108 끈적버섯아재비 🚫 · 296
109 노란턱돌버섯 🚫 · 298
110 주름버섯 🚫☠️ · 301
111 흰주름버섯 🚫☠️ · 303
112 담황색주름버섯 🚫☠️ · 306
113 주름버섯아재비 🚫☠️ · 308
114 숲주름버섯 🚫☠️ · 310
115 진갈색주름버섯 🚫☠️ · 312
116 연기색만가닥버섯
　　(만가닥버섯) 🍽️➕ · 314
117 송이버섯 🍽️➕ · 317
118 흰갈색송이 🚫☠️ · 320
119 쓴송이 🚫➕☠️ · 322
120 할미송이 🍽️ · 325
121 솔버섯 🍽️☠️ · 328
122 넓은솔버섯(넓은주름긴뿌리버섯)
　　🍽️➕☠️ · 330
123 민자주방망이버섯
　　🍽️➕☠️ · 333
124 자주방망이버섯아재비
　　🍽️➕☠️ · 335
125 깔때기버섯 🚫☠️ · 338
126 베이지깔때기버섯

(흰삿갓깔때기버섯) 🚫☠ · 340
127 백황색깔때기버섯(흰독깔때기버섯)
　　🚫☠ · 342
128 흰털깔때기버섯 🚫☠ · 344
129 꾀꼬리버섯 🍴✚☠ · 347
130 붉은꾀꼬리버섯 🍴 · 350
131 회색꾀꼬리버섯
　　(회색뿔나팔버섯) 🍴☠ · 353
132 황금꾀꼬리버섯 🍴 · 355
133 황금뿔나팔버섯 🍴 · 357
134 깔때기뿔나팔버섯
　　(깔때기꾀꼬리버섯) 🍴✚ · 360
135 붉은나팔버섯(나팔버섯)
　　🚫☠ · 363
136 턱수염버섯 🍴☠ · 365
137 다색벚꽃버섯 🍴 · 367
138 꽃버섯(붉은산꽃버섯)
　　🚫☠ · 370
139 민긴뿌리버섯 🍴✚ · 372
140 볏짚버섯 🍴✚ · 374
141 삿갓땀버섯 🚫☠ · 376
142 외대버섯(굽은외대버섯)
　　🚫☠ · 378
143 삿갓외대버섯 🚫☠ · 380
144 외대덧버섯 🍴 · 382
145 붉은꼭지외대버섯
　　(붉은꼭지버섯) 🚫☠ · 384
146 노란꼭지외대버섯

(노란꼭지버섯) 🚫☠ · 386
147 뿌리자갈버섯 🍴☠ · 388
148 노란종버섯 🚫☠ · 390
149 노란소똥버섯 🚫 · 392
150 말똥버섯 🍴✚☠ · 394
151 말똥버섯아재비 🚫☠ · 396
152 애기밀버섯 🍴✚ · 398
153 큰낙엽버섯 🍴✚ · 400
154 자주색줄낙엽버섯 🚫 · 403
155 애기낙엽버섯 🚫✚ · 406
156 앵두낙엽버섯 🚫 · 408
157 졸각버섯 🍴 · 410
158 색시졸각버섯 🍴 · 412
159 자주졸각버섯 🍴✚ · 415
160 족제비눈물버섯 🚫☠ · 417
161 큰눈물버섯 🚫☠ · 419
162 갈색쥐눈물버섯(갈색먹물버섯)
　　🚫☠ · 422
163 고깔쥐눈물버섯(고깔먹물버섯)
　　🚫☠ · 425
164 소녀흙물버섯(소녀먹물버섯)
　　🚫 · 427
165 두엄흙물버섯(두엄먹물버섯)
　　🚫☠ · 430
166 먹물버섯 🍴✚☠ · 432
167 테두리방귀버섯 🍴☠ · 435
168 목도리방귀버섯 🚫✚ · 438
169 먼지버섯 🍴✚ · 440

170 말불버섯 🍴⊕ · 442
171 좀말불버섯 🍴⊕ · 445
172 말징버섯 🍴⊕ · 447
173 찹쌀떡버섯 🚫⊕ · 449
174 연지버섯 🚫 · 451
175 말뚝버섯 🍴⊕ · 453
176 붉은말뚝버섯 🚫⊕ · 456
177 망태말뚝버섯(망태버섯)
　　🍴⊕ · 458
178 노란망태버섯(분홍망태버섯)
　　🍴☠ · 460
179 가는꼴망태버섯 🚫 · 462
180 세발버섯 🚫 · 464

181 붉은사슴뿔버섯 🚫☠ · 466
182 방망이싸리버섯 🍴⊕☠ · 468
183 싸리버섯 🍴⊕☠ · 470
184 붉은싸리버섯 🚫⊕☠ · 472
185 노랑싸리버섯 🚫☠ · 474
186 다박싸리버섯 🚫☠ · 476
187 볏싸리버섯 🍴☠ · 478
188 깃싸리버섯 🚫 · 480
189 좀나무싸리버섯 🍴⊕ · 482
190 단풍사마귀버섯 🚫 · 484
191 까치버섯 🍴⊕ · 486
192 긴대안장버섯 🚫⊕☠ · 488
193 석이 🍴⊕☠ · 490

나무에 나는 버섯

194 느타리 🍴⊕ · 494
195 산느타리 🍴⊕ · 496
196 귀느타리(노란귀느타리) 🚫 · 498
197 표고 🍴⊕ · 501
198 하얀마른가지버섯
　　(하얀선녀버섯) 🚫 · 504
199 노루궁뎅이 🍴⊕ · 506
200 뽕나무버섯 🍴⊕☠ · 508
201 뽕나무버섯부치 🍴⊕☠ · 510
202 팽이버섯(팽나무버섯)
　　🍴⊕ · 512

203 끈적민뿌리버섯
　　(끈적긴뿌리버섯) 🍴⊕ · 515
204 꽃잎주름버짐버섯(꽃잎우단버섯)
　　🚫☠ · 518
205 좀은행잎버섯(좀우단버섯)
　　🚫⊕ · 520
206 난버섯 🚫⊕☠ · 522
207 검은비늘버섯 🍴☠ · 524
208 미치광이버섯(솔미치광이버섯)
　　🚫☠ · 526
209 갈황색미치광이버섯

(식)(독) · 528
210 노란다발 (식)(독) · 531
211 솔잣버섯(잣버섯) (재)(+)(독) · 534
212 벌집구멍장이버섯(벌집버섯) (식)(+) · 536
213 노란대구멍장이버섯 (노란대겨울우산버섯) (식)(+) · 538
214 간버섯 (식)(+) · 540
215 진홍색간버섯 (식)(+) · 542
216 삼색도장버섯 (식)(+) · 544
217 조개껍질버섯 (식)(+)(독) · 547
218 때죽조개껍질버섯 (때죽도장버섯) (식) · 550
219 메꽃버섯부치 (식)(+) · 553
220 아까시흰구멍버섯(아까시재목버섯) (식)(+) · 555
221 시루송편버섯 (식) · 558
222 흰구름송편버섯(흰구름버섯) (식)(+) · 560
223 구름버섯(운지) (식)(+) · 563
224 갈색꽃구름버섯 (식)(+) · 565
225 적갈색유관버섯(유관버섯) (식)(+) · 568
226 덕다리버섯 (재)(독) · 570
227 붉은덕다리버섯 (식)(독) · 572
228 해면버섯 (식)(+) · 574

229 등갈색미로버섯 (식)(+) · 576
230 잔나비버섯 (식)(+) · 578
231 장미잔나비버섯 (식)(+) · 580
232 잔나비불로초(잔나비걸상) (식)(+) · 582
233 말굽버섯 (식)(+) · 584
234 한입버섯 (식)(+) · 586
235 불로초(영지) (식)(+) · 588
236 자흑색불로초 (식)(+) · 590
237 검은등층층버섯 (식)(+) · 592
238 상황진흙버섯(목질진흙버섯) (식)(+) · 594
239 찰진흙버섯 (식)(+) · 596
240 찔레버섯 (식)(+) · 598
241 복령 (재)(+) · 600
242 목이 (재)(+) · 602
243 털목이 (재)(+)(독) · 604
244 좀목이 (재) · 606
245 아교좀목이 (재) · 608
246 흰목이 (재)(+) · 610
247 꽃흰목이 (재)(+) · 612
248 붉은목이 (식)(+) · 614
249 동충하초 (재)(+) · 616
250 눈꽃동충하초 (식)(+) · 618

땅에 나는 버섯

잿빛가루광대버섯

Amanita griseofarinosa Hongo
광대버섯과 | 식용 절대 불가 | 준맹독성
발생 여름~가을, 넓은잎나무숲

갓 지름 3~6.5㎝. 때로는 15㎝까지 자란다. 윗면은 연한 잿빛~갈색잿빛이고 잿빛~갈색잿빛 가루알갱이가 있으며, 갓살은 흰색이다. 밑면은 주름살로 되어 있으며, 주름살은 끝붙은형이고 조금 빽빽하며 흰색이다. 상처가 나면 갈색으로 변한다. **자루** 길이 7~12㎝, 굵기 3~8㎜. 겉면에 잿빛~갈색잿빛 가루가 있으며, 속은 흰회색이고 꽉 차 있다. 윗동에 회색 턱받이가 있으며, 밑동이 통통하다. 부속물이 잘 떨어져서 모양 변화가 심하다. ●**주의** 모양이 비슷한 뱀껍질광대버섯(p.19)과 함께 적혈구를 파괴하는 준맹독성 버섯이므로 절대 먹어선 안 된다.

다 자란 버섯. 9월 5일

01 어린 버섯.
8월 30일

02 어린 버섯.
8월 8일

03 젊은 버섯.
8월 23일

04 젊은 버섯.
8월 29일

05 늙은 버섯.
8월 2일

06 상세 모습.
8월 2일

뱀껍질광대버섯

Amanita spissacea Imai

광대버섯과 | 식용 절대 불가 | 준맹독성

발생 여름~가을, 넓은잎나무숲~소나무숲

갓 지름 4~12.5㎝. 윗면은 갈색~회갈색이고 검은갈색 사마귀가 있으며, 갓살은 흰색이다. 밑면은 주름살로 되어 있으며, 주름살은 끝붙은형~내린형이고 빽빽하며 흰색이다. **자루** 길이 5~15㎝, 굵기 1~2㎝. 겉면은 흰색이고 회갈색 비늘가루가 있으며, 속은 꽉 차 있다. 윗동에 흰회색 턱받이가 있으며, 밑동은 불룩하고 테두리모양의 자루주머니 흔적이 4~7개 있다. 부속물이 잘 떨어져서 모양의 변화가 심하다. ● **주의** 준맹독성 버섯으로 모양이 비슷한 잿빛가루광대버섯(p.16)과 함께 치명적인 독성이 있으므로 절대 먹어선 안 된다.

갓에 뱀껍질 같은 무늬가 있다. 7월 23일

01 어린 버섯.
7월 28일

02 어린 버섯.
7월 11일

03 젊은 버섯.
8월 22일

04 다 자란 버섯.
7월 12일

05 늙은 버섯.
9월 5일

06 상세 모습.
7월 28일

암회색광대버섯아재비

Amanita pseudoporphyria Hongo

광대버섯과 | 식용 절대 불가(한때 식용으로 잘못 알려짐) | **일반 독성**

발생 여름~가을, 참나무숲~소나무숲~혼합림

갓 지름 3~11㎝. 윗면은 갈색~회갈색이고, 가운데가 진회색이며, 전체에 방사상 섬유무늬가 있다. 갓살은 흰색. 밑면은 주름살로 되어 있으며, 주름살은 떨어진형이고 빽빽하며 흰색이다. **자루** 길이 4.5~16.5㎝, 굵기 6~19㎜. 겉면은 흰색이고 흰 비늘가루가 있으며, 속은 흰색이고 비어 있다. 윗동에 흰색 턱받이가 있으며, 밑동은 굵고 흰색 자루주머니가 있다. ● **주의** 위장염을 일으키는 바실루스 리체니포르미스와 설사를 일으키는 프로비덴시아 레트게리를 함유하고 있으므로 절대 먹어선 안 된다.

갓 가장자리가 너덜거린다. 8월 25일

01 어린 버섯. 9월 17일    02 어린 버섯. 9월 24일

03 다 자란 버섯. 7월 23일

04 늙은 버섯.
7월 23일

05 늙은 버섯.
9월 3일

06 상세 모습.
7월 23일

맛광대버섯

Amanita esculenta Hongo & Matsuda

광대버섯과 | 식용 절대 불가(한때 식용으로 잘못 알려짐) | **약간 독성**

발생 여름~가을, 넓은잎나무숲~소나무숲

갓 지름 4~12㎝. 윗면은 갈색~회갈색이고 한가운데가 짙은 갈색이며, 갓살은 흰색이다. 밑면은 주름살로 되어 있으며, 주름살은 떨어진형이고 조금 빽빽하며 흰색이다. **자루** 길이 6~13㎝, 굵기 5~16㎜. 겉면은 갈색 비늘가루가 있고, 속은 연갈색이다. 윗동에 흰회색 턱받이가 있다. ● **주의** 적혈구를 파괴하는 독성분이 있는 것으로 밝혀졌으며, 생식하면 중독되므로 절대 먹어선 안 된다.

다 자란 버섯의 밋밋한 갓 윗면. 5월 28일

01 젊은 버섯. 5월 28일
02 다 자란 버섯. 5월 28일

03 다 자란 버섯. 5월 28일

04 상세 모습. 5월 28일

05 상세 모습. 5월 28일

긴골광대버섯아재비

Amanita longistriata Imai
광대버섯과 | 식용 절대 불가 | 일반 독성
발생 여름~가을, 넓은잎나무숲~혼합림

갓 지름 2~6㎝. 윗면은 회갈색~빛바랜 갈색이고, 갓살은 흰색이다. 밑면은 주름살로 되어 있으며, 주름살은 떨어진형이고 조금 빽빽하며 연붉은색이다. **자루** 길이 4~9㎝, 굵기 4~8㎜. 겉면은 흰색. 윗동에 흰회색 턱받이가 생기나 잘 떨어져나가고, 밑동은 흰색 자루주머니에 싸여 오래간다. ● **주의** 적혈구를 파괴하는 독버섯이므로 절대 먹어선 안 된다.

갓에 우산살모양의 주름이 있다. 7월 14일

01 젊은 버섯. 7월 14일

02 다 자란 버섯. 7월 14일

03 다 자란 버섯. 7월 14일

04 상세 모습. 7월 14일

우산버섯

Amanita vaginata var. *vaginata* (Bull.) Lam.
광대버섯과 | 식용 불가(한때 식용으로 잘못 알려짐) | 약간 독성
발생 여름~가을, 넓은잎나무숲~소나무숲~혼합림

갓 지름 5~10㎝. 아주 어릴 때 알모양이고, 껍질을 뚫고 나온다. 윗면은 회색~회갈색이고, 갓살은 흰색이다. 밑면은 주름살로 되어 있으며, 주름살은 떨어진형이고 조금 빽빽하며 흰색이다. **자루** 길이 8~15㎝, 굵기 10~15㎜. 겉면은 흰회색이고 회색 비늘가루가 있으며, 속은 흰색이고 비어 있다. 밑동이 흰색 자루주머니에 싸여 있다. ●**주의** 위장염을 일으키는 독성분이 함유된 것으로 밝혀졌으므로 절대 먹어선 안 된다. 고동색우산버섯(p.32)과 혼동하기 쉬운데, 고동색우산버섯은 자루가 붉은갈색이지만 우산버섯은 자루가 밋밋하고 하얗다.

갓에 우산살모양의 주름이 선명하다. 8월 29일

01 젊은 버섯. 9월 8일

02 다 자란 버섯. 9월 8일

03 다 자란 버섯. 7월 11일

04 늙은 버섯.
9월 11일

05 늙은 버섯.
7월 29일

06 상세 모습.
8월 23일

우산버섯 · 031

고동색우산버섯

Amanita fulva (Schaeff.) Secr.
광대버섯과 | 식용 절대 불가(한때 식용으로 잘못 알려짐) | **약간 독성**
발생 여름~가을, 넓은잎나무숲~소나무숲

갓 지름 4~9㎝. 아주 어릴 때는 알모양이고 껍질을 뚫고 나온다. 윗면은 고동색(오래된 구리색)이고, 갓살은 흰색이다. 밑면은 주름살로 되어 있으며, 주름살은 떨어진형이고 빽빽하며 흰색이다. **자루** 길이 7~15㎝, 굵기 7~15㎜. 겉면은 연고동색이고 고동색 비늘가루(뱀무늬)가 붙어 있으며, 속은 비어 있다. 밑동에 연고동색 자루주머니가 있다. ● **주의** 적혈구를 파괴하고 위염을 일으키는 독성분이 함유되어 있으며, 생식하면 중독되므로 절대 먹어선 안 된다.

갓 한가운데에 볼록한 갓꼭지가 생긴다. 9월 28일

01 어린 버섯. 9월 14일

02 어린 버섯. 9월 19일

03 젊은 버섯. 8월 1일

04 다 자란 버섯. 7월 11일

고동색우산버섯 · 033

05 늙은 버섯. 8월 3일

06 상세 모습. 8월 3일

마귀광대버섯

Amanita pantherina (DC.) Krombh.
광대버섯과 | 식용 절대 불가(한때 식용으로 잘못 알려짐) | 일반 독성
발생 여름~가을, 넓은잎나무숲~소나무숲~혼합림

갓 지름 5.6~21㎝. 윗면은 노란갈색~회갈색이고, 흰색~흰갈색 점박이사마귀가 많다. 갓살은 흰색. 밑면은 주름살로 되어 있으며, 주름살은 떨어진형이고 조금 빽빽하며 흰색이었다가 늙으면 연갈색이 된다. **자루** 길이 5~35㎝, 굵기 6~30㎜. 겉면은 흰색~연노란색이고 흰갈색 비늘가루가 있으며, 속은 비어 있다. 윗동에 흰색 턱받이가 생기나 잘 떨어져나가며, 밑동은 조금 뭉툭하고 고리모양의 흰색 자루주머니 흔적이 있다. ● **주의** 환각을 일으키는 치명적인 독성분이 있으므로 절대 먹어선 안 된다. 또 다른 독버섯 붉은점박이광대버섯(p.41)과도 혼동하기 쉬운데, 마귀광대버섯은 상처가 나도 살이 붉어지지 않는다.

갓에 편평한 사마귀가 있다. 7월 5일

01 어린 버섯. 7월 10일

02 젊은 버섯. 9월 5일

03 늙은 버섯. 6월 13일

04 늙은 버섯. 6월 13일

05 늙은 버섯. 9월 14일

06 상세 모습. 6월 15일

구슬광대버섯

Amanita sychnopyramis Corner & Bas f. *subannulata* Hongo
광대버섯과 | 식용 절대 불가(한때 식용으로 잘못 알려짐) | **준맹독성**
발생 여름~가을, 넓은잎나무숲(참나무)~풀밭

갓 지름 3~9㎝. 윗면은 회갈색~어두운 갈색이고, 흰색~흰회갈색의 작고 뾰족한 구슬모양의 사마귀가 있으며, 갓살은 흰색이다. 밑면은 주름살로 되어 있으며, 주름살은 떨어진형이고 빽빽하며 흰색이다. **자루** 길이 3.5~12㎝, 굵기 4~10㎜. 겉면은 흰색. 밑동은 알뿌리모양이고, 흰갈색 자루주머니가 있다. ● **주의** 구체적인 독성분이 알려져 있지 않아 해독제도 밝혀지지 않았으므로 절대 먹어서는 안 된다. 마귀광대버섯(p.35)과 색이 비슷해서 혼동하기 쉬운데, 마귀광대버섯은 사마귀가 편평한 편이나 구슬광대버섯은 잘고 뾰족하다.

구슬 같은 사마귀가 있다. 6월 15일

01 어린 버섯. 6월 11일   02 어린 버섯. 6월 16일

03 젊은 버섯. 6월 11일

구슬광대버섯 · 039

04 늙은 버섯.
6월 19일

05 늙은 버섯.
6월 15일

06 상세 모습.
8월 1일

붉은점박이광대버섯

Amanita rubescens Pers. var. *rubescens*
광대버섯과 | 식용 절대 불가(한때 식용으로 잘못 알려짐, 아삭하고 달달한 맛) | 일반 독성
발생 여름~가을, 넓은잎나무숲~소나무숲

갓 지름 6~18㎝. 윗면은 연붉은갈색이고 회색~붉은회색 점박이 사마귀가 있으며, 갓살은 흰색이다. 밑면은 주름살로 되어 있으며, 주름살은 떨어진형이고 조금 빽빽하며 어릴 때는 흰색이지만 상처가 나거나 늙으면 붉게 변한다. **자루** 길이 8~24㎝, 굵기 6~25㎜. 겉면은 붉은흰색~연붉은갈색이며, 속은 흰색이고 꽉 차 있으며 상처가 나면 붉게 변한다. 윗동에 흰색 턱받이가 생기고, 밑동이 좀 더 굵다. 부속물이 잘 떨어져서 모양의 변화가 심하다. ●**주의** 치명적 독성분이 들어 있으므로 절대 먹어서는 안 된다.

턱받이가 달려 있는 젊은 버섯. 7월 10일

01 어린 버섯.
6월 12일

02 어린 버섯.
7월 9일

03 젊은 버섯.
7월 8일

04 젊은 버섯. 7월 10일

05 다 자란 버섯. 7월 11일

06 상세 모습. 7월 10일

암적색분말광대버섯

Amanita rufoferruginea Hongo
광대버섯과 | 식용 불가 | **독성분 여부 미상**
발생 여름~가을, 소나무숲~혼합림

갓 지름 4.5~9㎝. 윗면은 흰갈색이고 암적색(탁한 주황갈색) 가루로 완전히 덮이며, 갓살은 흰색이다. 밑면은 주름살로 되어 있으며, 주름살은 떨어진형이고 빽빽하며 흰색이다. **자루** 길이 9~12㎝, 굵기 4~10㎜. 겉면은 암적색(탁한 주황갈색) 고운 비늘가루로 덮여 있고, 속은 흰색이다. 맨 윗동에 흰색 턱받이가 생기나 잘 떨어지고, 밑동이 조금 불룩하다. ● **주의** 아직 독성분이 밝혀지지 않았으나 광대버섯 종류 대부분이 치명적인 독버섯이므로 절대 먹어서는 안 된다.

늙어가는 버섯. 9월 10일

01 어린 버섯.
8월 24일

02 젊은 버섯.
8월 24일

03 다 자란 버섯.
9월 4일

암적색분말광대버섯 · 045

04 늙은 버섯.
9월 2일

05 늙은 버섯.
9월 2일

06 상세 모습.
8월 2일

달걀버섯

Amanita hemibapha subsp. *hemibapha* (Berk. & Br.)
광대버섯과 | 식용(부드러운 맛) | 약용(항종양, 항곰팡이)
발생 여름~가을, 넓은잎나무숲~혼합림

갓 지름 6~18㎝. 아주 어릴 때 알모양이고 껍질을 뚫고 나온다. 윗면은 빨간색~빨간노란색이고 갓꼭지가 있으며, 갓살은 연노란색이다. 밑면은 주름살로 되어 있으며, 주름살은 떨어진형이고 조금 빽빽하며 연노란색이다. **자루** 길이 10~20㎝, 굵기 6~20㎜. 겉면은 노란색~붉은노란색의 비늘껍질과 호랑이무늬가 있고, 속은 노란색~연노란색이며 비어 있다. 윗동에 치마모양의 노란 턱받이가 있으나 잘 떨어지고, 밑동은 윗부분 양쪽이 V자모양이며 크고 두꺼운 자루주머니에 싸여 끝까지 간다.

어린 버섯. 7월 13일

01 어린 버섯.
7월 16일

02 어린 버섯.
7월 9일

03 어린 버섯.
7월 16일

04 젊은 버섯. 7월 22일

05 늙은 버섯. 7월 12일

06 상세 모습. 7월 9일

달걀버섯

노란달걀버섯

Amanita hemibapha subsp. *javanica* Corner & Bas
광대버섯과 | 식용(보들보들하고 감칠맛)
발생 여름~가을, 넓은잎나무숲~소나무숲

갓 지름 3.5~10.5㎝. 아주 어릴 때는 알모양이고, 껍질을 뚫고 나온다. 윗면은 밝은 노란색~붉은노란색이고 갓꼭지가 있으며, 갓살은 흰노란색이다. 밑면은 주름살로 되어 있으며, 주름살은 떨어진형이고 조금 빽빽하며 연노란색~밝은 노란색이다. **자루** 길이 8~18㎝, 굵기 4~18㎜. 겉면은 흰노란색이고 노란 비늘가루로 덮여 있으며, 속은 흰노란색이다. 윗동에 노란 턱받이가 있으나 잘 떨어지고, 밑동은 윗부분 양쪽이 V자모양이며 크고 두꺼운 흰색 자루주머니에 싸여 끝까지 간다. ● **주의** 치명적 맹독성 버섯인 개나리광대버섯과 색이 비슷해서 혼동하기 쉬우므로 정확히 구분할 자신이 없다면 아예 먹지 않는다.

젊은 버섯과 다 자란 버섯. 7월 9일

01 어린 버섯.
7월 18일

02 어린 버섯.
7월 21일

03 어린 버섯.
7월 21일

04 젊은 버섯.
8월 24일

05 다 자란 버섯.
7월 9일

06 상세 모습.
7월 22일

개나리광대버섯 (알광대버섯아재비)

Amanita subjunquillea Imai
광대버섯과 | 식용 절대 불가 | 맹독성
발생 여름~가을, 넓은잎나무숲(참나무)~소나무숲~혼합림

갓 지름 4.5~8㎝. 어릴 때는 알모양이고 껍질을 뚫고 나온다. 윗면은 개나리색에서 개나리황토색으로 바뀌고 방사상의 갈색 섬유무늬가 있으며, 갓살은 흰색이다. 밑면은 주름살로 되어 있으며, 주름살은 떨어진형이고 빽빽하며 흰색이다. **자루** 길이 5~11.5㎝, 굵기 5~10㎜. 겉면은 연개나리색~개나리갈색 비늘가루로 덮여 있고 거스러미가 있으며, 속은 흰색이다. 윗동에 연개나리색 턱받이가 있으며, 밑동은 알뿌리모양이고 흰색 자루주머니가 오래간다. ●**주의** 치명적인 맹독성 버섯이므로 절대 먹어선 안 된다. 식용버섯인 노란달걀버섯(p.50)과 혼동하기 쉬우며, 특히 어릴 때는 변화가 심하므로 주의한다.

비에 젖은 모습이며, 갓이 크지 않다. 9월 12일

01 다 자란 버섯. 9월 12일   02 늙은 버섯. 8월 3일
03 상세 모습. 8월 3일   04 상세 모습. 8월 3일

노란가루광대버섯

Amanita aureofarinosa D. H. Cho
광대버섯과 | 식용 불가 | **독성분 여부 미상**
발생 여름, 넓은잎나무숲이나 모래 섞인 땅

갓 지름 7~8㎝. 윗면은 노란색~노란주황색이고, 샛노란 알갱이가루로 덮여 있으나 점차 떨어져나간다. 밑면은 주름살로 되어 있으며, 주름살은 떨어진형이고 빽빽하며 연노란색이다. **자루** 길이 약 11㎝, 굵기 약 1.5㎜. 겉면은 연노란색이고 노란색~연노란색 비늘가루로 덮여 있으며, 속은 비어 있다. 밑동은 조금 불룩하다. ● **주의** 아직 독성분이 밝혀지지 않았으나 광대버섯 종류들은 치명적인 독버섯이 대부분이므로 절대 먹어선 안 된다.

다 자란 버섯의 갓에 빛바랜 가루 찌꺼기가 남아 있다. 9월 6일

01 어린 버섯.
9월 6일

02 어린 버섯.
9월 6일

03 어린 버섯.
9월 6일

04 어린 버섯.
9월 6일

05 상세 모습.
9월 6일

06 상세 모습.
9월 6일

애광대버섯

Amanita citrina (Pers.) var. *citrina* Pers.
광대버섯과 | 식용 절대 불가 | 일반 독성
발생 여름~가을, 넓은잎나무숲~혼합림

갓 지름 3~8㎝. 윗면은 흰노란색~연노란색으로 한가운데가 짙어지며, 갈색 사마귀 찌꺼기가 있다. 밑면은 주름살로 되어 있으며, 주름살은 떨어진형이고 조금 빽빽하며 흰색이다. **자루** 길이 5~12㎝, 굵기 5~14㎜. 겉면은 흰색~흰노란색이고, 속은 비어 있다. 윗동에 치마모양의 흰노란색 턱받이가 조금 낮게 달리며, 밑동은 알뿌리모양이고 고리모양의 자루주머니 흔적이 있다. 부속물이 잘 떨어져 모양 변화가 심하다. ●**주의** 환각성 독버섯이므로 절대 먹어선 안 된다.

어린 버섯과 늙어가는 버섯. 사마귀 찌꺼기가 붙어 있다. 7월 21일

01 어린 버섯. 10월 6일

02 어린 버섯. 8월 8일

03 어린 버섯. 8월 21일

04 젊은 버섯. 9월 11일

05 상세 모습. 7월 21일

파리버섯

Amanita melleiceps Hongo
광대버섯과 | 식용 절대 불가 | 일반 독성
발생 여름, 소나무숲~참나무숲~혼합림

갓 지름 2.7~5.6㎝. 윗면은 흰색~크림색이고 한가운데가 노란색~노란갈색이며, 크림색~연황토색 점사마귀가 있다. 갓살은 크림색~연노란색. 밑면은 주름살로 되어 있으며, 주름살은 떨어진형이고 성기며 흰색이다. **자루** 길이 3.3~5.8㎝, 굵기 3~6㎜. 겉면은 흰색~노란크림색이고, 속은 비어 있다. 윗동이 좀 더 가늘고, 밑동은 작은 알뿌리모양이며 연노란색 비늘가루로 덮여 있다. ●**주의** 예전에 시골에서 파리를 잡기 위해 밥에 섞어두던 버섯으로 독성분이 들어 있으므로 절대 먹어선 안 된다.

다 자란 버섯과 어린 버섯. 8월 19일

01 다 자란 버섯. 7월 16일
02 다 자란 버섯. 7월 16일
03 다 자란 버섯. 8월 19일
04 다 자란 버섯. 8월 19일

백황색광대버섯

Amanita alboflavescens Hongo
광대버섯과 | 식용 불가 | 독버섯으로 추정
발생 여름~가을, 넓은잎나무숲(참나무)

갓 지름 4~6.5㎝. 윗면은 흰색~흰노란색(백황색)이며 크고 두껍게 갈라진 껍질조각이 붙어 있다. 갓살은 흰색. 밑면은 주름살로 되어 있으며, 주름살은 붙은형이고 빽빽하며 흰색~흰노란색이나 상처가 나면 황색으로 변한다. **자루** 길이 5~7㎝. 겉면은 흰노란색이며, 속은 꽉 차 있고 흰색이나 상처가 나면 황색이 된다. 윗동에 치마모양의 흰노란색 턱받이가 생기고, 밑동은 곤봉모양이며 흰노란색 자루주머니가 있다. ●**주의** 광대버섯 종류들은 치명적인 독버섯이 대부분이며, 독성분이 밝혀지지 않았으므로 절대 먹어선 안 된다.

갓 위에 크고 두껍게 갈라진 껍질조각이 붙어 있다. 9월 6일

01 어린 버섯. 9월 6일　　　　**02** 어린 버섯. 9월 6일

03 다 자란 버섯. 9월 19일

04 상세 모습. 9월 6일

05 상세 모습. 9월 6일

백황색광대버섯 · 065

큰주머니광대버섯

Amanita volvata (Peck) Llyod
광대버섯과 | 식용 절대 불가(한때 식용으로 잘못 알려짐) | 맹독성
발생 여름~가을, 넓은잎나무숲(밤나무, 참나무)~혼합림

갓 지름 2~8㎝. 아주 어릴 때는 알모양이고 껍질을 뚫고 나온다. 윗면은 흰색~흰갈색 비늘가루에 덮여 있다가 점차 연갈색~연붉은갈색의 큰 비늘조각처럼 된다. 갓살은 흰색. 밑면은 주름살로 되어 있으며, 주름살은 떨어진형이고 조금 빽빽하거나 성기며 흰색에서 흰붉은색이 된다. **자루** 길이 5~14㎝, 굵기 5~15㎜. 겉면은 흰색~흰붉은갈색 거친 비늘가루로 덮여 있으며, 속은 꽉 차 있고 흰색이다. 밑동은 불룩하고, 흰색~흰붉은갈색의 크고 둥그스름한 자루주머니가 있다. ●**주의** 온몸의 세포를 파괴하는 치명적인 독성분이 있는 것으로 밝혀졌으므로 절대 먹어선 안 된다.

갓에 큰 갈색 비늘이 있다. 9월 17일

01 어린 버섯.
7월 20일

02 어린 버섯.
9월 3일

03 어린 버섯.
8월 31일

04 어린 버섯.
9월 13일

05 어린 버섯.
9월 19일

06 상세 모습.
9월 17일

붉은껍질광대버섯

Amanita cokeri f. *roseotincta* Nagas. & Hongo
광대버섯과 | 식용 불가 | **독버섯으로 추정**
발생 여름~가을, 넓은잎나무숲~참나무숲~소나무숲

갓 지름 4~8㎝. 윗면은 흰색으로 점차 흰붉은갈색 얼룩이 생기고, 늙으면 흰 노란색이 되며, 흰갈색~연갈색 뿔사마귀가 있다. 밑면은 주름살로 되어 있으며, 주름살은 떨어진형으로 폭이 넓고 빽빽하며 크림색~흰붉은색이다. **자루** 길이 11~15㎝, 굵기 1~1.3㎝. 겉면은 흰색에서 흰붉은갈색~갈색이 되고, 두꺼운 흰색 자루비늘이 있다. 윗동에 두꺼운 흰색 턱받이가 있으며, 밑동은 곤봉모양이다. 전체 모양이나 색의 변화가 심하다. ●**주의** 광대버섯 종류들은 치명적인 독버섯이 대부분이며, 독성분이 밝혀지지 않았으므로 절대 먹어선 안 된다.

자루 중간부터 자루비늘이 층층이 생긴다. 8월 23일

01 어린 버섯. 9월 23일
02 다 자란 버섯. 8월 31일
03 다 자란 버섯. 7월 29일
04 늙은 버섯. 9월 10일
05 상세 모습. 9월 10일

070 · 땅에 나는 버섯

흰돌기광대버섯

Amanita hongoi Bas

광대버섯과 | 식용 절대 불가 | **일반 독성**
발생 여름~가을, 바늘잎나무숲~넓은잎나무숲(참나무)

갓 지름 5~17㎝. 윗면은 흰갈색에서 흰노란갈색~흰회갈색이 되고, 연갈색~붉은갈색 돌기사마귀가 있다. 밑면은 주름살로 되어 있으며, 주름살은 붙은형이고 빽빽하며 흰색~크림색이다. **자루** 길이 10~15㎝, 굵기 2~3㎜. 겉면은 흰노란갈색~흰붉은갈색이고 작은 돌기모양의 사마귀와 거스러미가 조금 있으며, 속은 흰색이고 꽉 차 있다. 윗동에 흰색 턱받이가 생기고, 밑동은 불룩한 곤봉모양이다. ● **주의** 광대버섯 종류들은 치명적인 독버섯이 대부분이며, 독성분이 밝혀지지 않았으므로 절대 먹어선 안 된다.

한곳에 올라온 어린 버섯들. 8월 1일

01 어린 버섯.
8월 5일

02 어린 버섯.
8월 5일

03 어린 버섯.
7월 30일

04 다 자란 버섯.
8월 5일

05 늙은 버섯.
7월 28일

06 상세 모습.
7월 30일

일본광대버섯

Amanita japonica Hongo ex Bas
광대버섯과 | 식용 절대 불가 | 일반 독성
발생 여름~가을, 넓은잎나무숲~소나무숲~혼합림

갓 지름 5.5~8.2㎝. 윗면은 흰회색~회갈색이고, 갈색 다각형 사마귀가 끝까지 거의 그대로 남아 있다. 갓살은 흰색. 밑면은 주름살로 되어 있으며, 주름살은 떨어진형이고 빽빽하거나 조금 성기며 크림색이다. **자루** 길이 8~17㎝, 굵기 7~15㎜. 겉면은 흰붉은색~흰회색이고 거스러미가 많으며, 속은 흰색이다. 윗동이 좀 더 가늘다.

갓 가장자리에 외피막이 너덜거린다. 9월 5일

01 어린 버섯. 7월 5일

02 젊은 버섯. 9월 5일

03 다 자란 버섯과 늙은 버섯. 9월 5일

04 상세 모습. 9월 5일

긴뿌리광대버섯

Amanita longistipitata D. H. Cho
광대버섯과 | 식용 불가 | 독버섯으로 추정
발생 여름~가을, 넓은잎나무숲~소나무숲

갓 지름 8㎝. 윗면은 흰색이고, 회색~회갈색 뿔사마귀가 오래간다. 밑면은 주름살로 되어 있으며, 주름살은 떨어진형이고 조금 성기며 흰색~흰회색이다. **자루** 길이 18㎝, 굵기 8㎜. 겉면은 흰색~크림색이고 밋밋하며, 속은 흰색이고 비어 있다. 밑동은 긴 추모양~곤봉모양이다. 부속물의 모양 변화가 심하다. ●**주의** 광대버섯 종류들은 치명적인 독버섯이 대부분이며, 독성분이 밝혀지지 않았으므로 절대 먹으면 안 된다.

젊은 버섯. 7월 23일

01 어린 버섯. 9월 17일   **02** 다 자란 버섯. 9월 16일

03 늙은 버섯. 8월 31일   **04** 상세모습. 9월 16일

뿌리광대버섯

Amanita strobiliformis (Vitt.) Bert.
광대버섯과 | 식용 절대 불가(한때 식용으로 잘못 알려짐) | 일반 독성
발생 여름~가을, 넓은잎나무숲~소나무숲

갓 지름 6~16㎝. 윗면은 흰색에서 흰노란갈색이 되고, 흰회색 뿔사마귀와 흰색 솜가루 같은 막이 있다. 밑면은 주름살로 되어 있으며, 주름살은 끝붙은형이고 조금 빽빽하며 흰노란색이다. **자루** 길이 7~15㎝, 굵기 1~3㎝. 겉면은 흰색이고 솜가루 같은 것이 붙어 있으며, 속은 꽉 차 있다. 윗동에 치마모양의 흰노란색 턱받이가 있고, 밑동은 조금 둥그스름하며 흰색~회색 자루주머니가 있는데 잘 떨어진다. ●**주의** 신경장애, 구토, 설사를 일으키는 치명적인 독성분이 있는 것으로 밝혀졌으므로 절대 먹어선 안 된다.

솜가루 막을 뒤집어쓴 것 같은 젊은 버섯의 갓 모습. 사마귀가 금방 떨어진다. 8월 1일

01 젊은 버섯. 8월 1일  02 상세 모습. 8월 1일

03 상세 모습. 8월 1일

뿌리광대버섯 · 079

회색점광대버섯

Amanita solitaria (Bull.) Mérat

광대버섯과 | 식용 불가 | **독버섯으로 추정**

발생 여름~가을, 넓은잎나무숲~흙이 쓸려내려간 곳

갓 지름 7~10㎝. 윗면은 흰색이고, 뿔사마귀가 흰색에서 회색~연회갈색이 된다. 갓살은 흰색~크림색이나 때로 흰녹색이 되며, 상처가 나면 갈색으로 변한다. 밑면은 주름살로 되어 있으며, 주름살은 붙은형~떨어진형이고 빽빽하며 흰색~크림색에서 연갈색~흰녹색이 된다. **자루** 길이 7~10㎝, 굵기 6~20㎜. 겉면은 흰회갈색이며, 상처가 나면 조금 끈적해지고 연갈색으로 변한다. 윗동에 치마모양의 흰색 턱받이가 생기고, 밑동은 윗동보다 좀 더 굵고 불룩하거나 뿌리처럼 길어진다. ● **주의** 광대버섯 종류들은 치명적인 독버섯이 대부분이며, 독성분이 밝혀지지 않았으므로 절대 먹어선 안 된다.

다 자란 버섯. 9월 13일

01 어린 버섯. 9월 13일

02 젊은 버섯. 9월 13일

03 다 자란 버섯.
9월 13일

04 상세 모습.
9월 13일

양파광대버섯

Amanita abrupta Peck

광대버섯과 | 식용 절대 불가 | 준맹독성

발생 여름~가을, 넓은잎나무숲~소나무숲~혼합림

갓 지름 3~7㎝. 윗면은 흰색이고 흰색~흰갈색 뿔사마귀가 있으며, 갓살은 흰색이다. 밑면은 주름살로 되어 있으며, 주름살은 떨어진형이고 빽빽하며 흰색이고 끝이 분가루 같다. **자루** 길이 8~14㎝, 굵기 6~8.2㎜. 겉면은 흰색이고 솜가루~섬유질의 거스러미가 있으며, 속은 흰색이나 상처가 나면 연갈색으로 변한다. 윗동에 치마모양의 흰색 턱받이가 생기고, 밑동은 넓적한 양파 모양이다. ●**주의** 준맹독성 버섯으로 현재까지 해독제가 없는 독성분이 들어 있으므로 절대 먹어선 안 된다.

자루가 길어진 어린 버섯. 8월 30일

01 어린 버섯.
9월 24일

02 젊은 버섯과
다 자란 버섯.
9월 24일

03 상세 모습.
9월 24일

흰가시광대버섯

Amanita virgineoides Bas

광대버섯과 | 식용 절대 불가(한때 식용으로 잘못 알려짐, 쓰고 아린 맛) | 일반 독성
발생 여름~가을, 소나무숲~넓은잎나무숲(참나무)~혼합림

갓 지름 9~20㎝. 윗면은 흰색이고 흰 가루와 가시사마귀가 있으며, 갓살은 흰색이다. 밑면은 주름살로 되어 있으며, 주름살은 떨어진형이고 빽빽하며 흰색에서 연노란갈색이 된다. **자루** 길이 12~22㎝, 굵기 13~25㎜. 겉면은 흰색이고 흰색 사마귀가 많으며, 속도 흰색이고 꽉 차 있다. 윗동에 넓은 치마모양의 흰색 턱받이가 있고, 밑동은 곤봉처럼 불룩하다. ● **주의** 치명적인 독성분이 있는 것으로 밝혀졌으므로 절대 먹어선 안 된다.

어린 버섯과 다 자란 버섯. 8월 21일

01 어린 버섯.
8월 24일

02 어린 버섯.
9월 15일

03 어린 버섯.
9월 5일

04 다 자란 버섯.
8월 21일

05 늙은 버섯.
7월 30일

06 상세 모습.
7월 30일

흰딱지광대버섯 ※국내 미기록종

Amanita kotohiraensis Nagasawa & Mitani
광대버섯과 | 식용 불가 | 독버섯으로 추정
발생 여름~가을, 넓은잎나무숲~소나무숲~혼합림

갓 지름 6~10㎝. 윗면은 흰색이며, 불규칙하고 두툼한 흰색 사마귀가 있다. 갓살은 흰색. 밑면은 주름살로 되어 있으며, 주름살은 떨어진형이고 빽빽하며 크림색~흰노란색에서 흰노란갈색이 된다. **자루** 길이 10~14㎝, 굵기 1~1.8㎝. 겉면은 흰색이고 외피막이 떨어져서 생긴 흰색 가락지모양의 흔적이 비스듬히 걸려 있으며, 속은 꽉 차 있다. 윗동에 치마모양의 흰색 턱받이가 있고, 밑동은 알뿌리모양이다. ●**주의** 광대버섯 종류들은 치명적인 독버섯이 대부분이며, 독성분이 밝혀지지 않았으므로 절대 먹어선 안 된다.

갓 가장자리가 너덜거린다. 8월 31일

01 어린 버섯. 8월 1일    02 젊은 버섯. 8월 21일

03 다 자란 버섯. 9월 13일

04 늙은 버섯. 8월 30일

05 상세 모습. 8월 1일

노란막광대버섯 (신알광대버섯)

Amanita neoovoidea Hongo

광대버섯과 | 식용 절대 불가 | **일반 독성**

발생 여름~가을, 혼합림

갓 지름 7.5~13㎝. 윗면은 흰색이고 노란색~노란갈색 큰 외피막이 있으며, 갓살은 흰색이다. 밑면은 주름살로 되어 있으며, 주름살은 떨어진형이고 빽빽하며 흰색~크림색~흰갈색이다. **자루** 길이 1~13㎝, 굵기 10~15㎜. 겉면은 흰색이고 지저분한 비늘가루가 있으며, 속도 흰색이다. 윗동에 치마모양의 흰색 턱받이가 있으며, 밑동은 곤봉모양이고 노란연갈색 자루주머니가 있다.

● **주의** 먹으면 신장에 독성이 쌓이는 독버섯이므로 절대 먹어선 안 된다.

커다란 노란색 껍질이 붙어 있다. 9월 1일

01 어린 버섯.
9월 26일

02 다 자란 버섯.
8월 21일

03 다 자란 버섯.
9월 8일

04 다 자란 버섯.
8월 21일

05 늙은 버섯.
9월 3일

06 상세 모습.
8월 15일

알광대버섯

Amanita phalloides (Fr.) Link

광대버섯과 | 식용 절대 불가 | 맹독성

발생 여름~가을(주로 초여름), 넓은잎나무숲(참나무, 밤나무)~소나무숲

갓 지름 7~8㎝. 아주 어릴 때는 알모양이고 껍질을 뚫고 나온다. 윗면은 창백하고 빛바랜 듯이 불분명하며 색이 다양하고, 때때로 한가운데가 짙거나 흐리고 조금 윤기가 있으며, 갓꼭지가 있다. 갓살은 흰색. 밑면은 주름살로 되어 있으며, 주름살은 떨어진형이고 빽빽하며 칙칙한 크림색, 초록빛이 도는 크림색, 붉은빛이 도는 크림색 등 색이 다양하다. **자루** 길이 8~12㎝, 굵기 5~8㎜. 겉면에 흰색~흰회색~붉은흰회색 비늘가루가 있다. 윗동에는 흰색 턱받이가 있고, 밑동은 크고 두꺼우며 칼로 자른 듯한 모양의 흰색 자루주머니에 싸여 있다. ● **주의** 사망률 50~90%의 맹독성 버섯으로 절대 먹어선 안 된다.

창백하고 빛바랜 듯한 불분명한 색깔이다. 7월 20일

01 어린 버섯. 7월 20일　　　　　　**02** 어린 버섯. 7월 20일

03 다 자란 버섯. 7월 20일　　　　　**04** 상세 모습. 7월 12일

흰알광대버섯

Amanita verna (Bull.) Lam.

광대버섯과 | 식용 절대 불가 | **맹독성**

발생 여름~가을, 혼합림

갓 지름 5~10㎝. 아주 어릴 때는 알모양이고 껍질을 뚫고 나온다. 윗면은 흰색이고 가끔 한가운데가 연갈색이 되며, 갓살은 흰색이다. 밑면은 주름살로 되어 있으며, 주름살은 끝붙은형~떨어진형이고 빽빽하며 흰색이다. **자루** 길이 7~20㎝, 굵기 9~15㎜. 겉면은 흰색이고 밋밋하며 고운 흰색 비늘가루로 덮여 있고, 속은 비어 있다. 윗동에 흰색 턱받이가 있고, 밑동은 흰색 큰 자루주머니에 싸여 오래간다. ●**주의** 작은 버섯 1개만 먹어도 죽을 만큼 치명적이며, 현재까지 해독제가 없는 독성분이 들어 있으므로 절대 먹어선 안 된다.

갓이 둥글어진 젊은 버섯. 7월 13일

01 어린 버섯. 9월 24일

02 젊은 버섯. 7월 3일

03 상세 모습. 9월 24일

04 상세 모습. 7월 13일

독우산광대버섯

Amanita virosa (Fr.) Bertillon
광대버섯과 | 식용 절대 불가 | 맹독성
발생 여름~가을, 넓은잎나무숲(참나무, 벚나무)~혼합림

갓 지름 6~15㎝. 아주 어릴 때는 알모양이고 껍질을 뚫고 나온다. 윗면은 흰색이고 간혹 한가운데가 맑은 노란색~분홍색이며, 가끔 갓꼭지가 생긴다. 갓살은 흰색. 밑면은 주름살로 되어 있으며, 주름살은 끝붙은형이고 조금 빽빽하며 흰색에서 어두운 갈색이 된다. **자루** 길이 8~24㎝, 굵기 7~20㎜. 겉면은 거친 비늘가루가 있고 떨어지면 흰 뱀무늬처럼 된다. 속은 흰색이고 꽉 차 있다. 윗동에 흰 턱받이가 있고, 밑동은 알뿌리모양이며 흰 자루주머니가 오래간다. ● **주의** 작은 버섯 1개만 먹어도 죽는 맹독성 버섯으로 절대 먹어선 안 된다. 식용버섯인 큰갓버섯(p.100)과 혼동하기 쉬운데, 큰갓버섯은 갓에 갈색 비늘조각이 있다.

다 자란 버섯. 7월 30일

01 젊은 버섯.
9월 1일

02 젊은 버섯.
8월 22일

03 다 자란 버섯.
7월 30일

04 다 자란 버섯. 8월 22일

05 다 자란 버섯. 9월 23일

06 상세 모습. 9월 23일

큰갓버섯

Macrolepiota procera (Scop. ex Fr.) Sing.
주름버섯과 | 식용(닭고기맛) | 약용(위장병) | 약간 독성
발생 여름~가을, 넓은잎나무숲~혼합림~대나무밭~풀밭

갓 지름 7~20㎝. 윗면은 맑은 회색이고, 연갈색~회갈색 비늘가루가 나이테 모양의 갈색 비늘조각이 된다. 갓살은 흰색. 밑면은 주름살로 되어 있으며, 주름살은 떨어진형이고 빽빽하며 흰색에서 연갈색으로 변한다. **자루** 길이 15~30㎝, 굵기 6~15㎜. 겉면은 뱀무늬의 갈색 비늘가루가 있고, 속은 크림색이며 비어 있다. 윗동에 흰색 치마가 달린 가락지모양의 턱받이가 있고, 밑동은 회갈색이다. ●**주의** 날로 먹거나 덜 익혀 먹으면 복통, 설사가 일어난다. 또한, 맹독성 버섯인 독우산광대버섯(p.97)이나 독버섯으로 추정되는 흰갈대버섯(흰큰우산버섯, p.105), 망토큰갓버섯(p.103)과도 혼동되므로 주의한다.

갓 바탕에 갈색 빛이 퍼지는 듯한 모양이다. 8월 31일

01 어린 버섯. 9월 20일

02 어린 버섯. 9월 23일   **03** 다 자란 버섯. 7월 3일

04 다 자란 버섯. 7월 3일

05 늙은 버섯. 6월 13일

망토큰갓버섯

Macrolepiota detersa Z. W. Ge, Zhu. L. Yang & Vellinga
주름버섯과 | 식용 불가 | **독성분 여부 미상**
발생 여름~가을, 넓은잎나무숲~혼합림~대나무밭~풀밭

갓 지름 10~20㎝. 윗면은 흰색이고, 우툴두툴한 섬유뭉치모양이며, 주로 갓 꼭지 부분에 짙은 갈색 비늘조각이 있다. 갓살은 흰색. 밑면은 주름살로 되어 있으며, 주름살은 떨어진형이고 빽빽하며 흰색이다. **자루** 길이 15~30㎝, 굵기 1~1.5㎝. 겉면은 짙은 갈색이고 밋밋하며, 속은 흰색이고 비어 있다. 윗동에 하얀 망토가 달린 가락지모양의 턱받이가 생기며 위아래로 움직인다.
● **주의** 독버섯으로 추정되므로 먹어선 안 된다. 식용버섯인 큰갓버섯(p.100)과 혼동하기 쉬운데, 망토큰갓버섯은 거의 갓꼭지에만 비늘조각이 남는 점이 다르다.

자루에 망토가 달린다. 9월 14일

01 어린 버섯. 7월 28일   **02** 젊은 버섯. 9월 17일

03 다 자란 버섯. 9월 17일   **04** 다 자란 버섯. 9월 3일

흰갈대버섯 (흰큰우산버섯)

Chlorophyllum molybdites (Meyer) Massee
주름버섯과 | 식용 불가 | 준맹독성
발생 여름~가을, 숲속, 풀밭, 목장의 초원

갓 지름 10~15cm. 윗면은 흰갈대색에서 갈대색이 되고, 섬유무늬이며, 꽃모양의 크고 작은 연갈색 비늘조각이 있다. 갓살은 흰색에서 갈대색으로 변한다. 밑면은 주름살로 되어 있으며, 주름살은 떨어진형이고 빽빽하며 흰색에서 연한 풀빛이 되었다가 풀빛갈색이 된다. **자루** 길이 10~25cm, 굵기 1~2cm. 겉면은 흰색에서 어두운 갈색이 되고, 속은 비어 있다. 윗동에 흰 치마가 달린 가락지모양의 턱받이가 생기는데 위아래로 움직이고, 밑동은 작은 알뿌리모양이다. ●**주의** 준맹독성 버섯으로 식용버섯인 큰갓버섯(p.100)과 혼동하기 쉬우므로 주의한다. 흰갈대버섯은 갓에 잔 비늘조각이 많고, 주름살이 풀빛으로 변하는 점이 다르다.

갓이 갈대색이 된다. 8월 19일

01 젊은 버섯.
8월 19일

02 젊은 버섯.
8월 19일

03 늙은 버섯.
8월 19일

04 늙은 버섯.
8월 19일

05 늙은 버섯.
8월 19일

06 상세 모습.
8월 19일

무당버섯 (냄새무당버섯)

Russula emetica (Schaeff.) Pers.
무당버섯과 | 식용 절대 불가(한때 식용으로 잘못 알려짐) | 일반 독성
발생 여름~가을, 넓은잎나무숲~소나무숲~낙엽~이끼~썩은 나무

갓 지름 3~10㎝. 윗면은 빨간색으로 갓껍질이 잘 벗겨지고, 색이 심하게 빠져서 얼룩덜룩해지며, 습하면 조금 끈적해진다. 갓살은 흰색. 밑면은 주름살로 되어 있으며, 주름살은 떨어진형 또는 끝붙은형이고 조금 빽빽하며 흰색인데 드물게 노란크림색도 있다. **자루** 길이 2.5~9㎝, 굵기 7~15㎜. 겉면은 흰색이고 밋밋하며, 속은 흰색이고 해면 같다. ●**주의** 독버섯으로, 치명적인 독성분이 밝혀졌으므로 절대 먹어선 안 된다.

습하면 갓이 끈적해진다. 9월 23일

01 젊은 버섯.
9월 5일

02 다 자란 버섯.
7월 16일

03 다 자란 버섯.
8월 3일

04 다 자란 버섯. 8월 3일    05 다 자란 버섯. 8월 3일

06 상세 모습. 8월 3일

혈색무당버섯

Russula sanguinea (Bull.) Fr.
무당버섯과 | 식용(맵고 쓴맛) | 약용(항종양)
발생 여름~가을, 소나무숲(주로 붉은색 소나무숲)

갓 지름 4~10㎝. 윗면은 밝은 핏빛이고, 갓 가장자리에 아주 짧은 우산살모양의 주름이 있으며, 갓살은 흰색이다. 밑면은 주름살로 되어 있으며, 주름살은 올린형 또는 약간 내린형이고 빽빽하며 흰색에서 노란크림색이 된다. **자루** 길이 3~8㎝, 굵기 9~30㎜. 겉면은 어릴 때 흰색이고 밋밋하나 점차 핏빛이 된다. 속은 흰색이고 조금 단단하며 해면 같다.

색이 안 빠지고 핏빛이 유지된다. 8월 1일

01 젊은 버섯.
7월 28일

02 다 자란 버섯.
8월 2일

03 늙은 버섯.
9월 10일

04 늙은 버섯. 8월 2일

05 상세 모습. 7월 28일

수원무당버섯

Russula bella Hongo
무당버섯과 | 식용(맵고 느끼한 맛)
발생 여름~가을, 넓은잎나무숲(특히 참나무)~소나무숲

갓 지름 1.5~5㎝. 윗면은 붉은보라색~붉은분홍색~붉은색~올리브보라색 등으로 색이 다양하고, 벨벳 느낌이다. 갓살은 흰색. 밑면은 주름살로 되어 있으며, 주름살은 내린형이고 빽빽하며 흰색에서 노란크림색이 된다. **자루** 길이 2~6㎝, 굵기 5~20㎜. 겉면은 흰색이고 갓과 같은 분홍색~보라색의 큰 얼룩이 있으며, 속은 흰색이고 꽉 차 있다.

갓이 벨벳 같다. 7월 28일

01 어린 버섯.
6월 12일

02 어린 버섯.
7월 16일

03 젊은 버섯.
7월 16일

수원무당버섯

04 다 자란 버섯. 7월 6일

05 상세 모습. 6월 28일

청머루무당버섯

Russula cyanoxantha var. *cyanoxantha* (Schaeff.) Fr.
무당버섯과 | 식용(조금 달달하고 매운맛) | 약용(항종양)
발생 여름~가을, 넓은잎나무숲~혼합림

갓 지름 6~10㎝. 윗면은 청머루색(녹색)~노란올리브색~맑은 자주색~분홍자주색~자주색 등으로 색이 다양하다. 갓살은 흰색. 밑면은 주름살로 되어 있으며, 주름살은 내린형이고 빽빽하며 흰색이다. **자루** 길이 4~5㎝, 굵기 13~20㎜. 겉면은 흰색이고 밋밋하며, 속은 흰색이고 해면 같으며, 밑동이 가늘고 뾰족하다. 때로 흙냄새가 난다.

갓은 청머루색 등 색이 여러 가지이다. 7월 18일

01 어린 버섯. 8월 13일    **02** 어린 버섯. 9월 24일

03 젊은 버섯. 9월 21일

04 젊은 버섯.
8월 2일

05 젊은 버섯.
6월 19일

06 상세 모습.
8월 2일

흰꽃무당버섯

Russula alboareolata Hongo
무당버섯과 | 식용 불가 | **독성분 여부 미상**
발생 여름~가을, 넓은잎나무숲

갓 지름 5~8㎝. 윗면은 흰색이고, 한가운데에 흰갈색 비늘가루가 있으며, 갓 가장자리에 우산살모양의 주름이 있다가 늙으면 꽃모양으로 갈라진다. 갓살은 흰색. 밑면은 주름살로 되어 있으며, 주름살은 떨어진형이고 조금 빽빽하며 어릴 때 흰색에서 늙으면 흰노란갈색이 된다. **자루** 길이 2~5.5㎝, 굵기 1~2㎝. 겉면은 흰색이고 밋밋하며, 속은 비어 있다.

갓이 꽃잎처럼 갈라진다. 6월 10일

01 어린 버섯. 7월 18일

02 어린 버섯. 6월 28일

03 다 자란 버섯. 6월 15일

04 상세 모습. 8월 9일

흰무당버섯아재비

Russula japonica Hongo
무당버섯과 | 식용(조금 쓴맛) | 약간 독성
발생 여름~가을, 넓은잎나무숲

갓 지름 6~14㎝. 윗면은 흰색 비늘가루로 덮여 있는데 점차 갈색이 되며, 갓살은 흰색이다. 밑면은 주름살로 되어 있으며, 주름살은 끝붙은형이고 빽빽하며 흰색에서 점차 흰갈색이 된다. **자루** 길이 3~6㎝, 굵기 6~10㎜. 밑동이 좀 더 가늘다. 겉면은 흰색이고 밋밋하며, 속은 흰색이고 꽉 차 있다. ●**주의** 색과 모양 때문에 푸른주름무당버섯(흰무당버섯, p.124)과 혼동하기 쉬운데, 푸른주름무당버섯은 자루와 주름살 사이에 푸른색 줄이 있으나 흰무당버섯아재비는 없다.

갓이 흰색에서 점차 갈색이 된다. 8월 3일

01 젊은 버섯. 9월 3일   **02** 젊은 버섯. 7월 9일

03 다 자란 버섯.
7월 28일

04 상세 모습.
7월 28일

흰무당버섯아재비 · 123

푸른주름무당버섯 (흰무당버섯)

Russula delica Fr.

무당버섯과 | 식용(거의 맹맛, 때로 조금 매운맛) | 약용(항종양)

발생 여름~가을, 소나무숲~넓은잎나무숲~혼합림

갓 지름 9~13㎝. 윗면은 흰색이고 연갈색~노란갈색 얼룩이 생기며, 갓살은 흰색이다. 밑면은 주름살로 되어 있으며, 주름살은 내린형이고 빽빽하며 흰색에서 늙으면 갈색이 된다. **자루** 길이 2~6㎝, 굵기 1~3㎝. 겉면은 흰색이고 갈색 반점이 생기며, 주름살과 자루 사이에 푸른 줄무늬가 있다.

자루가 짧아서 흙투성이인 것이 많다. 7월 21일

01 젊은 버섯.
7월 28일

02 다 자란 버섯.
7월 28일

03 다 자란 버섯.
7월 28일

푸른주름무당버섯 · 125

04 늙은 버섯.
7월 21일

05 상세 모습.
7월 28일

06 상세 모습.
7월 21일

노란무당버섯

Russula flavida Frost
무당버섯과 | 식용 불가 | **독성분 여부 미상**
발생 여름~가을, 넓은잎나무숲~소나무숲

갓 지름 3~8.5㎝. 윗면은 노란색에서 노란갈색이 되고, 가장자리부터 색이 빠져서 허옇게 되며, 가운데 갓우물이 패어 있다. 갓살은 흰색. 밑면은 주름살로 되어 있으며, 주름살은 떨어진형~끝붙은형이고 조금 빽빽하거나 조금 성기며 흰색에서 점차 흰갈색이 된다. **자루** 길이 3~8㎝, 굵기 8~22㎜. 겉면은 흰색~노란색이고 밋밋하다.

전체가 노란색이다. 9월 13일

01 어린 버섯.
8월 3일

02 젊은 버섯.
8월 2일

03 젊은 버섯.
9월 13일

04 젊은 버섯.
8월 3일

05 늙은 버섯.
8월 3일

06 상세 모습.
9월 13일

노란무당버섯 · 129

기와버섯

Russula virescens (Schaeff.) Fr.

무당버섯과 | 식용(감칠맛) | 약용(항종양, 진정)

발생 여름~가을, 넓은잎나무숲

갓 지름 5~12㎝. 윗면은 기와이끼색(회녹색)이고, 기와무늬가 있으며, 한가운데에 오목한 갓우물이 있다. 갓살은 흰색. 밑면은 주름살로 되어 있으며, 주름살은 떨어진형이고 조금 빽빽하며 흰색이다. **자루** 길이 3~10㎝, 굵기 1~2㎝. 겉면은 흰색이고 밋밋하며, 속은 해면 같고 잘 부서진다.

갓에 기와무늬가 있고 기와이끼색이다. 7월 21일

01 다 자란 버섯.
7월 21일

02 다 자란 버섯.
7월 21일

03 늙은 버섯.
7월 26일

04 늙은 버섯. 7월 28일

05 상세 모습. 7월 21일

절구버섯

Russula nigricans (Bull.) Fr.
무당버섯과 | 식용(쓴맛) | 약용(손발 마비)
발생 여름~가을, 넓은잎나무숲~소나무숲 양지 쪽

갓 지름 5~16㎝. 윗면은 흰갈색에서 짙은 회갈색이 되었다가 검은색이 되며, 한가운데 갓우물이 패어 있다. 갓살은 흰색. 밑면은 주름살로 되어 있으며, 주름살은 내린형이고 조금 성기거나 빽빽하며 흰색이다. **자루** 길이 3~8㎝, 굵기 1~3㎝. 겉면은 흰색~연회색이고 비늘가루가 있으며, 상처가 나거나 공기에 노출되면 붉은색이 되었다가 검은색이 되어 2단계로 변색이 된다.

전체적으로 회색빛이며 점차 검어진다. 8월 31일

01 젊은 버섯.
8월 3일

02 젊은 버섯.
8월 2일

03 젊은 버섯.
8월 3일

04 다 자란 버섯.
8월 30일

05 늙은 버섯.
9월 17일

06 상세 모습.
8월 31일

흙무당버섯

Russula senecis Imai

무당버섯과 | 식용 불가(매운맛) | 일반 독성
발생 여름~가을, 넓은잎나무숲(참나무)

갓 지름 5~10㎝. 윗면은 노란흙색(황토색)이고, 흙색 비늘가루로 덮여 있으며, 한가운데 오목한 갓우물이 패어 있다. 갓살은 연노란흙색(연황토색). 밑면은 주름살로 되어 있으며, 주름살은 떨어진형이고 조금 빽빽하며 노란흰색이지만 상처가 나면 갈색으로 변한다. **자루** 길이 4.2~7.8㎝, 굵기 8~14㎜. 겉면은 흰노란흙색(흰황토색)이고 노란흙색 얼룩이 있다. 불쾌한 흙냄새가 난다.

갓 껍질이 벗겨져 꽃모양이 된다. 7월 29일

01 어린 버섯. 7월 17일

02 어린 버섯. 8월 1일

03 젊은 버섯. 9월 8일

04 젊은 버섯.
8월 21일

05 늙은 버섯.
8월 1일

06 상세 모습.
8월 21일

회갈색무당버섯

Russula sororia (Fr.) Romell.

무당버섯과 | 식용 불가 | 약용(항종양) | **독성분 여부 미상**

발생 여름~가을, 넓은잎나무숲~대나무숲~고사리밭~길가~정원

갓 지름 3~8㎝. 윗면은 회갈색~갈색이고, 습하면 조금 끈적해지며, 갓 가장자리에 우산살모양의 주름이 있다. 갓살은 흰색이다. 밑면은 주름살로 되어 있으며, 주름살은 끝붙은형이고 조금 성기며 흰색에서 붉은갈색이 된다. **자루** 길이 2~6㎝, 굵기 6~12㎜. 겉면은 흰색이고 연한 회갈색 얼룩이 생기며, 밑동이 좀 더 가늘다. 때로는 묵은 기름냄새, 밀랍냄새가 난다. ●**주의** 항종양 효능이 있지만 아주 매운맛이고 묵은 기름냄새, 밀랍냄새가 나는 등 독성분이 있을 수 있으므로 먹지 않는다.

우산살모양의 주름이 있다. 9월 8일

01 젊은 버섯. 9월 8일

02 다 자란 버섯. 9월 8일

03 늙은 버섯. 9월 8일

04 상세 모습. 9월 8일

깔때기무당버섯

Russula foetens (Pers.) Pers.
무당버섯과 | 식용 불가 | 일반 독성
발생 여름~가을, 넓은잎나무숲~혼합림

갓 지름 5~12㎝. 윗면은 노란갈색이고, 갓살은 흰색이다. 밑면은 주름살로 되어 있으며, 주름살은 끝붙은형이고 빽빽하며 흰색에서 점차 연갈색이 되고 상처가 나면 갈색으로 변한다. **자루** 길이 3~9㎝, 굵기 1.5~3.5㎝. 겉면은 흰색~흰갈색이고, 속이 비어 있다. 불쾌한 썩은 냄새가 난다. ● **주의** 서근환(舒筋丸, 손발 마비 치료제)의 원료이며, 중국 일부 지역에서는 햇볕에 말렸다가 삶아서 여러 번 헹군 뒤 식용한다고 하나 독버섯이므로 절대 먹어선 안 된다.

불쾌한 썩은 냄새가 난다. 7월 15일

01 젊은 버섯. 7월 17일

02 다 자란 버섯. 8월 12일

03 다 자란 버섯. 7월 17일

04 상세 모습. 8월 12일

05 상세 모습. 8월 12일

담갈색무당버섯

Russula compacta Frost

무당버섯과 | 식용 불가(쓴맛, 악취) | **독버섯으로 추정**

발생 여름~가을, 넓은잎나무숲~소나무숲~혼합림

갓 지름 7~10㎝. 윗면은 담갈색(연한 갈색)~황토갈색이고, 한가운데 갓우물이 패어 있다. 갓살은 흰색. 밑면은 주름살로 되어 있으며, 주름살은 떨어진 형이고 조금 빽빽하며, 흰색인데 상처가 나거나 공기에 오래 노출되면 붉은갈색으로 변했다가 짙은 갈색이 된다. **자루** 길이 4~6㎝, 굵기 1.5~2㎝. 겉면은 흰색에서 붉은갈색이 되고, 얕은 세로 주름이 있다. 속은 꽉 차 있고, 흰색이지만 상처가 나면 붉은갈색으로 변한다. ●**주의** 독성분 함유 여부가 밝혀지지 않았으나 쓴맛, 묵은 생선냄새 등이 있어 독버섯일 우려가 있으므로 먹지 않는다.

갓이 담갈색이다. 9월 15일

01 어린 버섯. 7월 3일   02 젊은 버섯. 6월 28일

03 젊은 버섯. 8월 2일

담갈색무당버섯 · 145

04 젊은 버섯.
7월 3일

05 다 자란 버섯.
7월 7일

06 상세 모습.
9월 15일

젖버섯

Lactarius volemus (Fr.) Fr.

무당버섯과 | 식용(밍밍한 맛) | 약용(항종양, 기관지염, 소화불량)
발생 여름~가을, 넓은잎나무숲~소나무숲~혼합림

갓 지름 5~10㎝. 윗면은 밋밋하고 배 껍질색(연노란갈색~연노란붉은갈색)이며 비늘가루가 조금 있고, 갓살은 연노란갈색이다. 밑면은 주름살로 되어 있으며, 주름살은 완전붙은형~내린형이고 빽빽하며 흰색에서 연노란색이 되는데, 상처가 나면 순한 맛의 흰 젖이 나와서 갈색으로 변한다. **자루** 길이 4~10㎝, 굵기 1~2㎝. 겉면은 갓과 같은 색으로 붉은갈색 얼룩이 생기기도 하며, 속은 흰색이다. 때로 민물고기 비린내, 불쾌한 셀러리 냄새가 난다.

상처에서 순한 맛의 흰 젖이 나온다. 8월 13일

01 어린 버섯.
9월 5일

02 젊은 버섯.
9월 4일

03 젊은 버섯.
8월 1일

04 젊은 버섯.
9월 21일

05 다 자란 버섯.
8월 19일

06 상세 모습.
8월 3일

젖버섯아재비

Lactarius hatsudake N. Tanaka

무당버섯과 | 식용(달달한 뒷맛, 위장장애 주의) | 약용(항종양)

발생 여름~가을, 소나무숲

갓 지름 4~12㎝. 윗면은 붉은갈색이고 나이테무늬가 있으며, 한가운데 갓우물이 패어 있다. 갓살은 흰색. 밑면은 주름살로 되어 있으며, 주름살은 완전붙은형~내린형이고 빽빽하며 붉은연갈색인데, 상처가 나면 어두운 붉은색 젖이 나와 녹색으로 변한다. **자루** 길이 2~6㎝, 굵기 6~20㎜. 겉면은 갓과 같은 붉은갈색이고, 속은 해면 같다.

상처에서 나온 젖이 녹색이 된다. 10월 11일

01 어린 버섯. 9월 23일

02 젊은 버섯. 10월 11일

03 젊은 버섯. 10월 11일

04 젊은 버섯. 6월 15일

당귀젖버섯

Lactarius subzonarius Hongo
무당버섯과 | 식용 가능하나 매우 부적합(아주 쓴맛) | 약용(항종양)
발생 여름~가을, 넓은잎나무숲~소나무숲

갓 지름 2.5~4㎝. 윗면은 연갈색~갈색이고, 선명한 나이테무늬가 있으며, 습하면 조금 끈적해진다. 갓살은 연갈색. 밑면은 주름살로 되어 있으며, 주름살은 완전붙은형~내린형이고 조금 빽빽하며 연붉은갈색이다. **자루** 길이 2.5~3㎝, 굵기 5~7㎜. 겉면은 연갈색~갈색이고, 속은 비어 있으며, 밑동에 잔뿌리모양의 갈색 털이 있다. 강한 당귀냄새, 카레냄새, 코코넛냄새가 있다.

● **주의** 일반 독성을 가진 노란젖버섯(p.154)과 혼동하기 쉬운데, 당귀젖버섯은 젖이 흰색에서 갈색으로 변하지만, 노란젖버섯은 흰색에서 노란색으로 변한다.

맵지 않은 흰 젖이 나와 갈색으로 변한다. 9월 8일

01 어린 버섯. 7월 11일   **02** 다 자란 버섯. 7월 7일

03 늙은 버섯. 7월 12일   **04** 상세 모습. 7월 7일

당귀젖버섯 · 153

노란젖버섯

Lactarius chrysorrheus Fr.
무당버섯과 | 식용 불가(한때 식용으로 잘못 알려짐) | 일반 독성
발생 여름~가을, 소나무숲~혼합림

갓 지름 5~9㎝. 윗면은 연노란갈색~연붉은갈색이고, 흐리게 나이테무늬가 있다. 밑면은 주름살로 되어 있으며, 주름살은 완전붙은형~약간 내린형이고 빽빽하며 크림색~붉은노란크림색이다. 상처가 나면 흰색 젖이 나오고, 공기에 닿자마자 노란색으로 변하며 매운맛이다. **자루** 길이 5~7㎝, 굵기 8~22㎜. 겉면은 연노란갈색~연붉은갈색이고, 속은 비어 있다. ●**주의** 치명적인 독성분이 밝혀진 독버섯이므로 절대 먹어선 안 된다.

상처에서 나오는 젖은 매운맛이며, 나오자마자 흰색이 노란색으로 변한다. 8월 19일

01 어린 버섯. 10월 13일

02 젊은 버섯. 8월 25일

03 다 자란 버섯.
8월 12일

04 상세 모습.
8월 25일

넓은갓젖버섯

Lactarius hygrophoroides Berk. & Curt.
무당버섯과 | 식용(달달한 맛) | 약용(항종양)
발생 여름~가을, 넓은잎나무숲~소나무숲~혼합림

갓 지름 3~10㎝. 윗면은 노란황토색~붉은황토색이고 벨벳 같거나 매끄러우며, 가장자리는 크게 물결모양이다. 갓살은 흰색. 밑면은 주름살로 되어 있으며, 주름살은 완전붙은형~내린형이고 성기며 흰색에서 연노란색이 되는데, 상처가 나면 흰 젖이 나오며 맵지 않은 맛이다. **자루** 길이 4~5㎝, 굵기 8~20㎜이고 밑동이 더 가늘다. 겉면은 노란황토색~붉은황토색이고, 속은 해면 같다.

상처에서 맵지 않은 흰 젖이 나온다. 7월 15일

01 젊은 버섯. 7월 15일

02 다 자란 버섯. 7월 16일

03 다 자란 버섯. 7월 8일

04 상세 모습. 7월 8일

고염젖버섯

Lactarius obscuratus (Lasch) Fr.
무당버섯과 | 식용 불가 | 약간 독성
발생 여름~늦가을, 넓은잎나무숲~혼합림

갓 지름 6~13㎜. 윗면은 고염색(붉은갈색)이고, 갓꼭지가 있다. 밑면은 주름살로 되어 있으며, 주름살은 끝붙은형~내린형이고 조금 성기며 연한 고염색이다. 상처가 나면 흰색 젖이 나오며 맵지 않은 맛이다. **자루** 길이 17~21㎜, 굵기 2~3㎜. 겉면은 갓과 같은 고염색(붉은갈색)이다.

초소형이고 상처에서 흰 젖이 나온다. 7월 16일

01 어린 버섯.
8월 30일

02 어린 버섯.
8월 8일

03 젊은 버섯.
8월 23일

솜털젖버섯

Lactarius pubescens var. *betulae*
무당버섯과 | 식용 불가(아주 맵고 톡 쏘는 맛) | 독버섯으로 추정
발생 늦여름~가을, 소나무숲~혼합림

갓 지름 2.5~10㎝. 윗면은 붉은자주색이고, 거미줄 같은 흰 솜털로 덮여 있다가 점차 벗겨진다. 갓살은 흰색. 밑면은 주름살로 되어 있으며, 주름살은 내린형이고 조금 성기며 흰붉은노란색이다. 상처가 나면 흰 젖이 나오고 아주 매운맛이다. **자루** 길이 2~6.5㎝, 굵기 8~26㎜. 겉면은 흰색이다. 버섯 전체에 흰 솜털이 있으나 차츰 벗겨진다.

온몸이 솜털로 덮여 있다. 7월 21일

01 어린 버섯. 7월 15일

02 어린 버섯. 7월 17일

03 젊은 버섯. 7월 18일

04 젊은 버섯. 7월 15일

05 늙은 버섯. 7월 17일

06 상세 모습. 7월 21일

새털젖버섯

Lactarius vellereus (Fr.) Fr.
무당버섯과 | 식용 불가(쓴맛) | 일반 독성
발생 여름~가을, 혼합림

갓 지름 8~15㎝. 25~30㎝까지 크기도 한다. 윗면은 흰색에서 연노란색이 되고, 자루와 함께 아주 고운 털로 덮여 있다. 갓살은 흰색. 밑면은 주름살로 되어 있으며, 주름살은 떨어진형이고 성기며 흰색에서 점차 연노란색이 된다. 상처가 나면 흰 젖이 나오고 아주 매운맛이다. **자루** 길이 1.5~8㎝, 굵기 1.5~4㎝. 겉면은 갓과 마찬가지로 흰색에서 연노란색이 된다. 때로 과일 썩은 불쾌한 냄새가 난다. ●**주의** 털젖버섯아재비와 혼동하기 쉬운데, 새털젖버섯은 젖이 흰색이고 주름살이 성기지만, 털젖버섯아재비는 젖이 흰색에서 연노란색으로 변하고 주름살이 빽빽하다.

갓과 자루에 아주 고운 털이 있다. 8월 2일

01 젊은 버섯.
8월 2일

02 젊은 버섯.
8월 2일

03 상세 모습.
8월 2일

굴털이젖버섯

Lactarius piperatus (L.) Pers.

무당버섯과 | 식용(쓴맛, 신맛) | 약용(손발 마비, 근육통) | 약간 독성
발생 여름~가을, 넓은잎나무숲~소나무숲~혼합림

갓 지름 4~18㎝. 윗면은 흰색에서 연노란색이 되고, 노란갈색 얼룩이 생기며, 갓살은 흰색이다. 밑면은 주름살로 되어 있으며, 주름살은 내린형이고 빽빽하며 흰색에서 점차 연노란색이 된다. 상처가 나면 흰 젖이 나오는데 매운맛이다. **자루** 길이 3~9㎝, 굵기 1~3㎝. 밑동으로 갈수록 가늘어지고, 겉면과 속이 모두 흰색이다.

밑동으로 갈수록 가늘어진다. 8월 1일

01 젊은 버섯.
8월 2일

02 젊은 버섯.
8월 2일

03 젊은 버섯.
8월 1일

04 다 자란 버섯. 8월 2일

05 상세 모습. 8월 2일

그물버섯

Boletus edulis Bull.

그물버섯과 | 식용(담백한 맛, 조금 쌉쌀한 뒷맛) | 약용(신경통, 손발 마비, 불임, 항종양)
발생 여름~가을, 넓은잎나무숲~혼합림

갓 지름 6~20㎝. 윗면은 어두운 갈색~붉은갈색이고, 갓살은 흰색이다. 밑면에는 관구멍이 있으며, 관구멍은 1㎜당 2~3개이고 흰색에서 점차 연노란녹색이 된다. **자루** 길이 5~15㎝, 굵기 1.5~5㎝. 겉면은 연노란색~연갈색이고 그물무늬가 있으며, 밑동이 굵은 곤봉모양이다.

자루에 그물무늬가 있다. 7월 13일

01 어린 버섯.
9월 20일

02 어린 버섯.
7월 13일

03 어린 버섯.
7월 14일

04 젊은 버섯. 7월 18일    **05** 젊은 버섯. 7월 14일

06 상세 모습. 8월 21일

170 · 땅에 나는 버섯

구릿빛그물버섯

Boletus aereus Bull.
그물버섯과 | 식용(달달한 맛)
발생 여름~가을, 넓은잎나무숲~혼합림

갓 지름 7~15㎝. 윗면은 구릿빛(노란갈색)에서 검은구릿빛이 되고 벨벳 느낌이며, 갓살은 흰색이다. 밑면에는 관구멍이 있으며, 관구멍은 1~3㎜이고 흰색에서 노란색이 된다. **자루** 길이 9~10㎝, 굵기 1~4㎝. 겉면은 흰색~연노란색에서 점차 갓과 같은 색이 되며, 섬유결모양의 그물무늬가 있다.

갓이 구릿빛 벨벳 같다. 8월 19일

01 어린 버섯.
8월 19일

02 어린 버섯.
8월 13일

03 어린 버섯.
8월 13일

04 다 자란 버섯.
7월 23일

05 다 자란 버섯.
8월 13일

06 상세 모습.
8월 13일

구릿빛그물버섯 · 173

수원그물버섯

Boletus auripes Peck
그물버섯과 | 식용(달달한 뒷맛)
발생 여름~가을, 넓은잎나무숲(특히 참나무)~소나무숲~혼합림

갓 지름 4~10㎝. 윗면은 붉은노란갈색이고 벨벳 느낌이며, 갓살은 연노란색~연갈색이다. 밑면은 관구멍으로 되어 있으며, 관구멍은 1㎜당 2~3개이고 연노란색~노란색~노란올리브색이다. **자루** 길이 5~12㎝, 굵기 최대 3㎝. 겉면은 밝은 노란색에서 노란갈색이 되고 섬유결모양의 세로줄무늬가 있으며, 속은 흰노란색이다. 밑동에는 흰노란색 균사가 있다.

갓과 자루가 노랗고 변색이 안 된다. 8월 13일

01 어린 버섯.
8월 13일

02 젊은 버섯.
8월 23일

03 젊은 버섯.
7월 11일

04 젊은 버섯.
9월 21일

05 다 자란 버섯.
7월 21일

06 상세 모습.
8월 15일

짙은융단그물버섯 ※국내 미기록종

Boletus umbriniporus Hongo
그물버섯과 | 식용 불가 | 독성분 여부 미상
발생 여름~가을, 넓은잎나무숲

갓 지름 4~9㎝. 윗면은 어두운 갈색이고 융단 느낌이며, 갓살은 연노란색인데 자르면 약간 검푸른색으로 변한다. 밑면은 관구멍으로 되어 있으며, 관구멍은 1㎜당 2~3개이고 연노란색이다. **자루** 길이 4~8㎝, 굵기 6~10㎜. 겉면은 갓과 같은 어두운 갈색이고, 섬유결모양의 그물무늬가 있다.

갓이 어두운 갈색 융단 같다. 8월 23일

01 상세 모습.
8월 23일

02 상세 모습.
8월 23일

03 상세 모습.
9월 1일

산그물버섯

Boletus subtomentosus L.

그물버섯과 | 식용(담백한 맛)

발생 여름~가을, 넓은잎나무숲~혼합림(넓은잎나무, 소나무)~풀밭~길가

갓 지름 3~10㎝. 윗면은 노란갈색~녹갈색~노란녹색이고 벨벳 느낌이며, 갓살은 연노란색이다. 밑면은 관구멍으로 되어 있으며, 관구멍은 1㎜당 1~2개이고 노란색~노란녹색이며 상처가 나면 조금 푸른색으로 변한다. **자루** 길이 5~12㎝, 굵기 6~14㎜. 겉면은 연노란색~연갈색이며, 밑동이 좀 더 굵고 굽은 경우가 많다.

자루가 가는 편이다. 7월 3일

01 다 자란 버섯.
7월 3일

02 늙은 버섯.
9월 18일

03 늙은 버섯.
9월 18일

180 · 땅에 나는 버섯

04 상세 모습. 7월 3일

05 상세 모습. 9월 18일

산속그물버섯아재비

Boletus pseudocalopus Hongo
그물버섯과 | 식용(달달한 뒷맛) | 약간 독성
발생 여름~가을, 넓은잎나무숲~소나무숲~혼합림~낙엽 많은 땅

갓 지름 4~15㎝. 윗면은 붉은갈색~연갈색~어두운 갈색이고, 갓살은 연노란색이다. 자르면 서서히 조금 푸른녹색으로 변한다. 밑면은 관구멍으로 되어 있으며, 관구멍은 완전붙은형~내린형이고 1㎜당 1~2개이며 연노란색~노란색에서 노란갈색이 된다. 상처가 푸른녹색으로 변한다. **자루** 길이 5~12㎝, 굵기 1.5~2.5㎝. 겉면은 노란색이고 붉은노란색 얼룩이 있으며, 속은 연노란색이다. 치즈 냄새가 난다.

자루에 노랗고 붉은 얼룩이 있다. 7월 11일

01 어린 버섯.
7월 10일

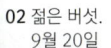

02 젊은 버섯.
9월 20일

03 다 자란 버섯.
7월 10일

04 늙은 버섯.
7월 12일

05 상세 모습.
9월 26일

06 상세 모습.
7월 12일

붉은대그물버섯

Boletus erythropus (Fr. : Fr.) Pers.
그물버섯과 | 식용(달달한 맛) | 약간 독성

발생 여름~가을, 넓은잎나무숲(졸참나무, 밤나무, 가문비나무)~바늘잎나무숲(소나무, 전나무)

갓 지름 10~15㎝. 윗면은 붉은갈색~녹슨 붉은갈색이며, 갓살은 연노란색이다. 자른 면이 검푸른 녹색으로 변한다. 밑면은 관구멍으로 되어 있으며, 관구멍은 완전붙은형이고 지름 0.5~1㎜이며 붉은노란색에서 붉은갈색이 된다. 상처는 검푸른녹색으로 변한다. **자루** 길이 4.5~15㎝, 굵기 1.2~4.5㎝. 겉면은 노란갈색이고 붉은갈색 점무늬가 있으며, 상처가 검푸른녹색으로 변한다.

자루의 상처가 검푸른녹색이 된다. 8월 24일

01 어린 버섯. 7월 16일    02 젊은 버섯. 7월 11일

03 다 자란 버섯. 8월 30일

04 늙은 버섯.
7월 8일

05 상세 모습.
7월 16일

06 상세 모습.
8월 24일

붉은그물버섯

Boletus fraternus Peck

그물버섯과 | 식용(조금 쌉쌀한 맛) | 약용(항종양)

발생 여름~가을, 넓은잎나무숲~혼합림~잔디밭

갓 지름 2~7㎝. 윗면은 붉은핏빛~붉은갈색이고 갈라진 벨벳모양이며, 갓살은 연노란색이다. 자른 면이 검푸른색으로 변한다. 밑면은 관구멍으로 되어 있으며, 관구멍은 완전붙은형이고 다각형이며 노란색이다. 상처가 나면 검푸른색으로 변한다. **자루** 길이 2~6㎝, 굵기 6~10㎜. 겉면은 노란색이고 붉은 세로줄무늬가 있으며, 밑동에 연노란색 균사가 있다. 달콤한 과일냄새가 난다.

갓이 갈라진 벨벳모양 같다. 9월 1일

01 어린 버섯.
8월 25일

02 다 자란 버섯.
8월 25일

03 다 자란 버섯.
9월 1일

04 늙은 버섯.
8월 29일

05 늙은 버섯.
8월 25일

06 상세 모습.
8월 25일

190 · 땅에 나는 버섯

흑자색그물버섯

Boletus violaceofuscus Chiu

그물버섯과 | 식용(달달한 맛, 감칠맛, 조금 쌉쌀한 뒷맛) | 약용(항종양, 성인병 예방)
발생 여름~가을, 넓은잎나무숲(밤나무, 참나무, 잣나무)

갓 지름 5~10㎝. 윗면은 흑자색(가지색)이고 습하면 조금 끈적해지며, 갓살은 흰색이다. 밑면은 관구멍으로 되어 있으며, 관구멍은 1㎜당 1~2개이고 흰색에서 점차 노란색이 되었다가 노란갈색이 된다. **자루** 길이 7~9㎝, 굵기 1.5~2.5㎝. 겉면은 갓과 같은 흑자색이고 섬유결모양의 흰 그물무늬가 있으며, 속은 흰색이다.

갓과 자루가 흑자색이다. 7월 12일

01 어린 버섯.
8월 31일

02 어린 버섯.
7월 16일

03 어린 버섯.
7월 10일

04 젊은 버섯.
7월 10일

05 다 자란 버섯.
7월 11일

06 상세 모습.
7월 10일

귀신그물버섯 (솜귀신그물버섯)

Strobilomyces strobilaceus (Scop.) Berk.
그물버섯과 | 식용(부드럽고 담백한 맛) | 약용(성인병 예방)
발생 여름~가을, 넓은잎나무숲(밤나무, 참나무)~소나무숲~혼합림

갓 지름 3~12㎝. 윗면은 연갈색~회갈색이고 밤갈색 떡진 솜털이 있으며, 갓살은 흰색이다. 자른 면은 붉은색이 되었다가 회색을 거쳐 검은색으로 3단계 변색이 된다. 밑면은 관구멍으로 되어 있으며, 관구멍은 다각형이고 깊이가 15㎜이며 흰색에서 회색이 되었다가 검은색이 된다. **자루** 길이 5~15㎝, 굵기 5~21㎜. 겉면은 밤갈색이고, 밤갈색 솜털비늘이 있다. 소나무 냄새가 난다.

갓이 떡진 밤갈색 솜털로 덮여 있다. 7월 10일

01 어린 버섯. 7월 13일 **02** 어린 버섯. 9월 20일

03 젊은 버섯. 7월 5일 **04** 늙은 버섯 상세 모습. 7월 10일

귀신그물버섯

털귀신그물버섯 (솔방울귀신그물버섯)

Strobilomyces confusus Sing.
그물버섯과 | 식용(감칠맛)
발생 여름~가을, 혼합림

갓 지름 3~10㎝. 윗면은 회색~회갈색이고, 솔방울처럼 보이는 검은갈색~검은회갈색 뿔비늘이 있으며, 가장자리에 외피막 조각이 너덜거린다. 갓살은 자른 면이 붉은색에서 검은색으로 2단계 변색이 된다. 밑면은 관구멍으로 되어 있으며, 관구멍은 완전붙은형~홈형이고 흰색에서 회색이 되었다가 검은색으로 3단계 변색이 된다. **자루** 길이 5~10㎝, 굵기 5~15㎜. 겉면은 회색~어두운 회색이다.

갓이 검은 뿔비늘로 덮여 있다. 7월 11일

01 어린 버섯. 7월 8일   02 어린 버섯. 7월 13일

03 다 자란 버섯. 8월 1일

04 다 자란 버섯.
8월 18일

05 다 자란 버섯.
7월 23일

06 상세 모습.
8월 2일

접시껄껄이그물버섯 (껄껄이그물버섯)

Leccinum extremiorientale (L. Vass.) Sing.

그물버섯과 | 식용(담백한 맛) | 약간 독성

발생 여름~가을, 넓은잎나무숲~혼합림

갓 지름 10~25㎝. 윗면은 황토색~주황갈색이고 잘게 갈라진 벨벳 느낌이며, 만져보면 껄껄하다. 갓살은 흰색~노란색이다. 밑면은 관구멍으로 되어 있으며, 관구멍은 올린형이고 노란색에서 올리브녹색이 된다. 상처가 푸른녹색으로 변한다. **자루** 길이 5~15㎝, 굵기 2.5~5.5㎝. 겉면은 노란색이고, 노란갈색~주황색 잔 거스러미가 있다.

갓껍질이 갈라져 껄껄하다. 8월 17일

01 어린 버섯. 8월 24일

02 어린 버섯. 7월 11일

03 젊은 버섯.
8월 25일

04 늙은 버섯.
8월 23일

05 상세 모습.
8월 9일

주름껄껄이그물버섯 (홀트껄껄이그물버섯)

Amanita hortonii (Smith & Thiers) Hongo & Nagas.
그물버섯과 | 식용 불가 | **독성분 여부 미상**
발생 여름~가을, 넓은잎나무숲(참나무)~소나무숲~혼합림

갓 지름 5~12㎝. 윗면은 연노란갈색~붉은갈색이고 쪼글쪼글하며, 습하면 조금 끈적해진다. 밑면은 관구멍으로 되어 있으며, 관구멍은 1㎜당 2~3개이고 노란색에서 노란녹색이 된다. **자루** 길이 4.5~10㎝, 굵기 1~1.5㎝. 겉면은 흰노란색이고, 고운 비늘가루가 있다.

갓이 쪼글쪼글하다. 7월 11일

01 어린 버섯. 8월 22일

02 젊은 버섯. 7월 12일

03 다 자란 버섯.
7월 7일

04 상세 모습.
8월 22일

거친껄껄이그물버섯

Leccinum scabrum (Bull.) Gray
그물버섯과 | 식용 불가(한때 식용으로 잘못 알려짐) | 일반 독성
발생 여름~가을, 넓은잎나무숲

갓 지름 5~10㎝, 윗면은 회갈색~황갈색이고 거친 벨벳 느낌이며, 습하면 조금 끈적해진다. 밑면은 관구멍으로 되어 있으며, 관구멍은 완전붙은형~끝붙은형이고 흰색에서 연회갈색이 된다. **자루** 길이 6~12㎝, 굵기 1.5~3㎝. 겉면은 흰회색이고, 회갈색~검은갈색의 잔 거스러미가 있다.

자루에 점 같은 잔 거스러미가 있다. 9월 26일

01 어린 버섯. 9월 6일   **02** 다 자란 버섯. 7월 23일
03 다 자란 버섯. 7월 23일   **04** 상세 모습. 9월 6일

거친껄껄이그물버섯 · 205

노란대망그물버섯 (밤색갓그물버섯)

Retiboletus ornatipes (Peck) M. Binder & Bresinsky
그물버섯과 | 식용(조금 쓴맛)
발생 여름~가을, 넓은잎나무숲(참나무)

갓 지름 5~8㎝. 윗면은 노란갈색~갈색~올리브갈색이고 벨벳 느낌이며, 갓살은 노란색이다. 밑면은 관구멍으로 되어 있으며, 관구멍은 끝붙은형~완전붙은형으로 1㎜당 2~3개이고 노란색에서 노란회색이 된다. **자루** 길이 5~11.5㎝, 굵기 1~2.5㎝. 겉면은 노란색이고 섬유결모양의 세로줄무늬가 있으며, 속은 연노란색이다. 밑동이 굵고 윗동이 좀 더 가늘다.

자루가 노란빛이다. 7월 10일

01 어린 버섯. 7월 11일    02 어린 버섯. 7월 12일

03 젊은 버섯. 7월 11일

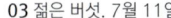

04 다 자란 버섯.
7월 14일

05 늙은 버섯.
7월 12일

06 상세 모습.
9월 4일

회색망그물버섯 (검정그물버섯)

Retiboletus griseus (Frost) M. Binder & Bresinsky

그물버섯과 | 식용 불가 | **독성분 여부 미상**

발생 여름~가을, 넓은잎나무숲(참나무)

갓 지름 5~10㎝. 윗면은 회색~연회갈색이고, 부드러운 가죽 느낌이다. 밑면은 관구멍으로 되어 있으며, 관구멍은 깊이 5~20㎜이고 흰회색~회갈색이며 상처가 갈색으로 변한다. **자루** 길이 4~14.5㎝, 굵기 1~3.5㎝. 겉면은 흰갈색이고, 윗동에는 섬유결모양의 그물무늬가 있고 점차 어두운 갈색이 되며, 밑동은 회색~갈색이다.

갓이 부드러운 가죽 같다. 9월 4일

#
01 어린 버섯. 9월 27일

02 어린 버섯. 9월 4일

03 젊은 버섯.
7월 29일

04 다 자란 버섯.
7월 29일

05 다 자란 버섯. 7월 29일

06 상세 모습. 8월 13일

검은망그물버섯 (검은쓴맛그물버섯)

Retiboletus nigerrimus (Heim) M. Binder & Bres.
그물버섯과 | 식용 불가(조금 알싸한 맛) | 일반 독성
발생 여름~가을, 혼합림

갓 지름 6~14㎝. 윗면은 검은회색~검은자주색이고 밋밋하며, 갓살은 흰회색이다. 밑면은 관구멍으로 되어 있으며, 관구멍은 깊이 5~20㎜이고 흰회색이며 상처가 검은색으로 변한다. **자루** 길이 5~12㎝, 굵기 1~2.5㎝. 겉면은 노란녹색~노란회색이며, 선명하고 거친 그물무늬가 있고, 검은회색 얼룩이 생긴다. 밑동이 좀 더 굵다. 자른 면은 회색에서 검은회색으로 2단계 변색이 된다. ● **주의** 일반 독성을 지닌 독버섯으로 먹으면 환각, 환시 증상이 나타므로 먹어선 안 된다.

갓과 자루가 검어진다. 8월 24일

01 어린 버섯.
8월 1일

02 젊은 버섯.
8월 25일

03 젊은 버섯.
9월 24일

04 늙은 버섯.
8월 24일

05 상세 모습.
8월 13일

06 상세 모습.
8월 13일

매운그물버섯

Chalciporus piperatus (Bull.) Bat.
그물버섯과 | 식용(쓴맛, 매운맛)
발생 여름~가을, 소나무숲~풀밭

갓 지름 2~7㎝. 윗면은 노란갈색~붉은노란갈색이고, 습하면 조금 끈적해진다. 갓살은 살색. 밑면은 관구멍으로 되어 있으며, 관구멍은 다각형이고 내린형으로 1㎜당 1~2개이며 노란갈색에서 갈색이 된다. **자루** 길이 4~12㎝, 굵기 5~20㎜. 겉면은 연노란갈색이고, 밑동은 가늘며 노란 균사가 있다.

갓 밑면의 관구멍이 크다. 9월 4일

01 다 자란 버섯.
9월 4일

02 늙은 버섯.
8월 18일

03 상세 모습.
8월 18일

털밤그물버섯

Boletellus russellii (Frost) E. J. Gilb.
그물버섯과 | 식용(담백한 맛)
발생 여름~가을, 넓은잎나무숲(졸참나무)~소나무숲

갓 지름 4~10㎝. 윗면은 흰붉은갈색~연한 황토색이고 건조하며 조금 갈라진다. 갓살은 노란색. 밑면은 관구멍으로 되어 있으며, 관구멍은 다각형이고 연노란색에서 올리브갈색이 된다. **자루** 길이 8~16㎝, 굵기 1~2㎝. 겉면은 붉은갈색이고 깊게 파인 그물무늬가 있으며, 밑동이 좀 더 굵다.

자루가 붉은갈색이고, 거친 그물무늬가 있다. 8월 15일

01 젊은 버섯. 9월 15일

02 다 자란 버섯. 9월 20일

03 늙은 버섯.
8월 25일

04 상세 모습.
8월 15일

긴대밤그물버섯 (키다리밤그물버섯)

Boletellus elatus Nagas.

그물버섯과 | 식용 불가 | **독성분 여부 미상**

발생 여름~가을, 소나무숲~혼합림

갓 지름 3~9㎝. 윗면은 갈색~밤갈색~붉은갈색이다. 밑면은 관구멍으로 되어 있으며, 관구멍은 끝붙은형으로 어릴 때는 노란색이지만 점차 노란녹색~올리브녹색이 된다. **자루** 길이 9~23㎝, 굵기 6~12㎜. 겉면은 갓과 같은 갈색~밤갈색~붉은갈색이고 부드러운 잔털이 있으며, 밑동은 굵고 흰 균사가 붙어 있다.

갓이 작고 자루가 매우 길다. 8월 2일

01 젊은 버섯. 9월 1일
02 젊은 버섯. 9월 1일

03 다 자란 버섯. 8월 2일
04 상세 모습. 9월 10일

좀노란밤그물버섯 (좀노란그물버섯)

Boletellus obscurecoccineus (V. Höhn.) Sing.

그물버섯과 | 식용 불가 | 독성분 여부 미상

발생 여름~가을, 넓은잎나무숲~소나무숲~혼합림

갓 지름 3~7㎝. 윗면은 진분홍색~자주붉은색~붉은갈색이고, 잘게 갈라진 벨벳 같으며, 갓살은 연노란색이다. 밑면은 관구멍으로 되어 있으며, 관구멍은 홈형이고 다각형이며 노란색에서 노란녹색이 된다. **자루** 길이 3~8㎝, 굵기 5~12㎜. 겉면은 흰 바탕에 갓과 같은 색의 얼룩과 세로줄무늬가 있다. 윗동에 잔 거스러미가 있다.

갓이 잘게 갈라진 붉은 벨벳 같다. 7월 23일

01 어린 버섯.
7월 11일

02 젊은 버섯.
8월 24일

03 다 자란 버섯.
8월 24일

04 다 자란 버섯. 8월 24일

05 상세 모습. 7월 23일

가죽밤그물버섯

Boletellus emodensis (Berk.) Sing.
그물버섯과 | 식용(담백한 맛)
발생 여름~가을, 넓은잎나무숲~소나무숲~혼합림

갓 지름 5~10㎝. 윗면은 갈색~붉은갈색이고, 종종 붉은 포도주색 얼룩이 생기며, 두껍고 큰 비늘처럼 갈라진다. 갓살은 연노란색이고, 갓 가장자리가 너덜거린다. 밑면은 관구멍으로 되어 있으며, 관구멍은 올린형~내린형으로 1㎜당 1~2개이고 노란색에서 진갈색이 된다. 상처는 푸른녹색으로 변한다. **자루** 길이 7~14㎝, 굵기 7~14㎜. 겉면이 갈색이고 세로줄무늬가 있으며, 윗동과 밑동은 붉은색이다. 상처가 푸른색으로 변한다.

갓이 큰 비늘처럼 갈라진다. 7월 20일

01 어린 버섯.
7월 20일

02 어린 버섯.
7월 23일

03 어린 버섯.
7월 20일

가죽밤그물버섯 · 225

04 젊은 버섯.
7월 20일

05 다 자란 버섯.
7월 23일

06 상세 모습.
7월 23일

분말그물버섯 (노란분말그물버섯)

Pulveroboletus ravenelii (Berk. et Curt.) Murr.

그물버섯과 | 식용(고구마맛) | 약용(류머티즘 관절염, 외상 치료, 항종양)

발생 여름~가을, 넓은잎나무숲~소나무숲~혼합림

갓 지름 3~12㎝. 윗면은 노란색~연푸른노란색 비늘가루로 덮여 있고, 갓살은 연노란색이며, 갓 가장자리가 너덜거린다. 밑면은 관구멍으로 되어 있으며, 관구멍은 끝붙은형~완전붙은형으로 1㎜당 3~5개이고 레몬색에서 점차 짙은 녹갈색이 된다. **자루** 길이 3~10㎝, 굵기 5~15㎜. 겉면은 갓과 마찬가지로 노란색~연푸른노란색 비늘가루로 덮여 있으며, 윗동에 턱받이 흔적이 있다. 상처가 곧바로 검푸른녹색으로 변한다.

갓이 노란 비늘가루로 덮여 있다. 8월 18일

01 어린 버섯.
8월 18일

02 어린 버섯.
8월 1일

03 젊은 버섯.
8월 1일

04 젊은 버섯. 8월 16일 　　　**05** 다 자란 버섯. 8월 18일

06 상세 모습. 8월 1일

주홍분말그물버섯

Pulveroboletus auriflammeus (Berk. & Curt.) Sing.

그물버섯과 | 식용 불가 | **독성분 여부 미상**

발생 여름~가을, 넓은잎나무숲(졸참나무)~소나무숲~혼합림~덤불숲~공원

갓 지름 2.5~9㎝. 윗면은 선명한 주홍색 비늘가루로 덮여 있고, 습하면 조금 끈적해진다. 밑면은 관구멍으로 되어 있으며, 관구멍은 다각형이고 연노란색에서 연노란녹색이 된다. **자루** 길이 5~9㎝, 굵기 5~13㎜. 겉면은 주홍색이고 깊은 세로주름이 있으며, 밑동이 가늘다.

주홍색 비늘가루로 덮여 있다. 8월 16일

01 어린 버섯. 8월 15일 　　　　02 젊은 버섯. 8월 24일
03 젊은 버섯. 8월 15일 　　　　04 상세 모습. 8월 15일

주홍분말그물버섯 · 231

적색신그물버섯

Aureoboletus thibetanus (Pat.) Hongo & Naga.
그물버섯과 | 식용(조금 신맛)
발생 여름~가을, 넓은잎나무숲(졸참나무, 상수리나무)~소나무숲~혼합림

갓 지름 3~5.5㎝. 윗면은 연붉은갈색~붉은갈색이고, 주름이 조금 있으며 끈적거린다. 갓살은 흰색. 밑면은 관구멍으로 되어 있으며, 관구멍은 완전붙은형~홈형이고 노란색에서 노란녹색이 된다. **자루** 길이 5~7㎝, 굵기 7~10㎜. 겉면은 흰붉은색이고 세로줄무늬가 있으며 조금 끈적거린다. 윗동이 좀 더 가늘다.

갓과 자루가 조금 끈적거리고 신맛이 난다. 7월 14일

01 어린 버섯.
7월 14일

02 다 자란 버섯.
7월 14일

03 다 자란 버섯.
7월 14일

04 다 자란 버섯. 7월 14일

05 상세 모습. 8월 17일

녹색쓴맛그물버섯

Tylopilus virens (Chiu) Hongo

그물버섯과 | 식용 불가(아주 쓴맛) | 약간 독성

발생 여름~가을, 넓은잎나무숲(졸참나무)~소나무숲~혼합림

갓 지름 4.5~8㎝. 윗면은 올리브색~노란올리브색~노란겨자색~노란오렌지색이고, 옅은 색 테두리가 있으며, 조금 벨벳 같다. 밑면은 관구멍으로 되어 있으며, 관구멍은 끝붙은형~떨어진형으로 지름 1~2㎜이고 연분홍색이다. **자루** 길이 9㎝ 정도, 굵기 7~20㎜. 겉면은 연노란색이고, 붉은색~노란갈색~올리브색 얼룩과 그물무늬가 있다. 윗동이 좀 더 가늘다

자루에 진하지 않은 그물무늬가 있다. 8월 3일

01 어린 버섯.
7월 13일

02 젊은 버섯.
8월 3일

03 다 자란 버섯.
8월 25일

04 다 자란 버섯.
8월 22일

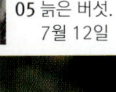

05 늙은 버섯.
7월 12일

06 상세 모습.
8월 3일

녹색쓴맛그물버섯 · 237

은빛쓴맛그물버섯

Tylopilus eximius (Peck) Sing.
그물버섯과 | 식용 불가(한때 식용으로 잘못 알려짐, 아주 쓴맛) | 약간 독성
발생 여름~가을, 혼합림

갓 지름 5~20㎝. 겉면이 은자주색~자주갈색~은자주갈색이다. 밑면은 관구멍으로 되어 있으며, 관구멍은 어릴 때는 끝붙은형이나 점차 떨어진형이 되고 은자주갈색이 상처가 나면 천천히 검은색으로 변한다. **자루** 길이 5~11㎝, 굵기 1~3㎝. 겉면은 은자주색~자주갈색이고 점 같은 잔 거스러미가 있으며, 속은 흰은자주색이다. ● **주의** 맛이 아주 쓰고 위장 장애를 일으키므로 먹지 않는다.

자루가 은자주색을 띤다. 8월 21일

01 상세 모습.
9월 15일

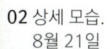

02 상세 모습.
8월 21일

03 상세 모습.
8월 21일

제주쓴맛그물버섯

Tylopilus neofelleus Hongo
그물버섯과 | 식용 불가(아주 쓴맛) | 약간 독성
발생 여름~가을, 넓은잎나무숲~혼합림

갓 지름 6~11㎝. 윗면은 올리브갈색~분홍갈색~붉은갈색이고 벨벳 느낌이며, 갓살은 흰색이다. 밑면은 관구멍으로 되어 있으며, 관구멍은 지름 1~1.5㎜이고 어릴 때 흰색~노란색이다가 점차 연붉은갈색이 된다. **자루** 길이 6~11㎝, 굵기 1.5~2.5㎝. 겉면은 분홍갈색~황토갈색이고 종종 섬유결모양의 옅은 그물무늬가 있으며, 밑동이 굵다.

갓이 벨벳 같다. 7월 18일

01 어린 버섯. 7월 8일   02 어린 버섯. 9월 24일

03 어린 버섯. 9월 24일

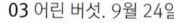

04 젊은 버섯.
8월 24일

05 다 자란 버섯.
7월 11일

06 상세 모습.
7월 11일

융단쓴맛그물버섯

Tylopilus alboater (Schwein.) Murr.
그물버섯과 | 식용(군밤맛) | 약간 독성
발생 여름~가을, 넓은잎나무숲(참나무)~소나무숲~혼합림

갓 지름 3~20㎝. 윗면은 검은회갈색이고, 종종 희끗한 얼룩이 생기며 융단 느낌이다. 갓살은 어릴 때 흰색에서 점차 분홍색이 된다. 자른 면은 분홍색에서 검은회색으로 2단계 변색이 된다. 밑면은 관구멍으로 되어 있으며, 관구멍은 1㎜당 2개이고 흰색에서 분홍색이 되었다가 검은색이 된다. **자루** 길이 4~11㎝, 굵기 2~4㎝. 겉면은 갓과 같은 검은회갈색이고, 때로 희끗한 얼룩이 생긴다.

갓에 희끗한 얼룩이 있다. 9월 17일

01 젊은 버섯. 9월 17일

02 상세 모습. 9월 17일

흑자색쓴맛그물버섯

Tylopilus nigropurpureus (Corner) Hongo
그물버섯과 | 식용 불가(아주 쓴맛) | 일반 독성
발생 여름~가을, 넓은잎나무숲~소나무숲~혼합림

갓 지름 3~8㎝. 윗면은 흑자색~흑갈색이고 잘게 갈라진 벨벳 느낌이며, 갓살은 흰회색이다. 밑면은 관구멍으로 되어 있으며, 관구멍은 완전붙은형~떨어진형으로 어릴 때 흰회색에서 붉은회색이 된다. 상처는 붉은색에서 검은색으로 2단계 변색이 된다. **자루** 길이 3~7㎝, 굵기 5~15㎜. 겉면이 갓과 같은 흑자색~흑갈색으로 벨벳 느낌이고 그물무늬가 있다.

갓이 검은 벨벳 같다. 8월 1일

01 젊은 버섯.
8월 23일

02 다 자란 버섯.
8월 1일

03 늙은 버섯.
6월 24일

04 상세 모습. 8월 1일

05 상세 모습. 8월 15일

일본연지그물버섯

Heimioporus japonicus (Hongo) E. Horak
그물버섯과 | 식용 불가 | 일반 독성
발생 여름~가을, 넓은잎나무숲~소나무숲~혼합림

갓 지름 5~8㎝. 윗면은 선명한 연지색~연지갈색이고 어릴 때 조금 끈적하며, 갓살은 연노란색이다. 자른 면이 간혹 조금 푸른색으로 변한다. 밑면은 관구멍으로 되어 있으며, 관구멍은 올린형~끝붙은형으로 1㎜당 2~3개이고 연노란색~연한 올리브색이다. **자루** 길이 6~13㎝, 굵기 7~12㎜. 겉면은 갓과 같은 선명한 연지색~연지갈색이고, 선명한 그물무늬와 잔 거스러미가 있다.

자루에 그물무늬가 뚜렷하다. 7월 14일

01 젊은 버섯. 8월 15일

02 젊은 버섯. 8월 25일

03 늙은 버섯. 8월 21일

04 상세 모습. 9월 24일

자주둘레그물버섯

Gyroporus purpurinus (Snell) Sing.
둘레그물버섯과 | 식용(조금 쓴맛)
발생 여름~가을, 넓은잎나무숲~소나무숲~혼합림

갓 지름 2~8㎝. 15㎝까지 자라는 것도 있다. 윗면은 자주색~연자주색~연분홍자주색이고 벨벳 느낌이며, 갓살은 흰색이다. 밑면은 관구멍으로 되어 있으며, 관구멍은 끝붙은형~완전붙은형으로 1㎜당 1~4개이고 흰색~크림색~노란크림색이다. 상처가 나면 갈색으로 변한다. **자루** 길이 3~6㎝, 굵기 3~8㎜. 겉면은 자주색~자주갈색이고, 속은 흰색이다

갓이 자주색 벨벳 같고 갓 둘레가 선명하다. 8월 26일

01 어린 버섯. 9월 7일

02 젊은 버섯. 8월 13일

03 젊은 버섯.
7월 30일

04 젊은 버섯.
8월 29일

05 다 자란 버섯. 8월 29일

06 상세 모습. 7월 30일

흰둘레그물버섯

Gyroporus castaneus (Bull.) Quél.

둘레그물버섯과 | 식용 불가(한때 식용으로 잘못 알려짐, 아주 쓴맛) | **약간 독성**
발생 여름~가을, 넓은잎나무숲(참나무, 졸참나무, 잣밤나무)~소나무숲

갓 지름 3~10㎝. 윗면은 노란갈색~주황갈색~밤갈색이고 벨벳 느낌이며, 갓살은 흰색이다. 밑면은 관구멍으로 되어 있으며, 관구멍은 끝붙은형으로 1㎜당 1~3개이고 흰색에서 연노란색이 된다. **자루** 길이 3~9㎝, 굵기 5~15㎜. 겉면은 갓과 같은 노란갈색~주황갈색~밤갈색이고, 속은 흰색이다. 밑동이 조금 뾰족한 것도 있다.

밑면이 부풀어 둘레선처럼 보인다. 9월 5일

01 어린 버섯.
7월 15일

02 젊은 버섯.
7월 7일

03 젊은 버섯.
7월 9일

04 젊은 버섯.
7월 26일

05 다 자란 버섯.
7월 15일

06 상세 모습.
9월 5일

비단그물버섯

Suillus luteus (L.) Rouss.

비단그물버섯과 | 식용(조금 달달한 맛, 약간 쓴맛) | 약용(항종양, 골절 치료) | 약간 독성

발생 여름~가을, 소나무숲

갓 지름 5~15cm. 윗면은 노란갈색~붉은갈색~어두운 갈색이며, 습하면 끈적하고 건조하면 비단 같다. 밑면은 관구멍으로 되어 있으며, 관구멍은 완전붙은형 또는 내린형으로 지름이 1mm 이하이고 연올리브노란색에서 노란올리브갈색이 된다. **자루** 길이 3~8cm, 굵기 10~25mm. 겉면은 연노란색이고 자주갈색의 잔 거스러미 같은 끈적점이 있으며, 윗동에 짧은 치마모양의 턱받이가 있다.

건조하면 갓이 비단처럼 반짝인다. 6월 13일

01 젊은 버섯.
9월 2일

02 젊은 버섯.
9월 2일

03 다 자란 버섯.
6월 15일

04 다 자란 버섯. 6월 11일   **05** 다 자란 버섯. 6월 13일

06 상세 모습. 9월 2일

젖비단그물버섯

Suillus granulatus (L. ex Fr.) O. Kuntze (Rouss.)

비단그물버섯과 | 식용(담백하고 달달한 맛) | 약용(골절 치료, 항종양) | 약간 독성

발생 여름~가을, 소나무숲

갓 지름 4~10㎝. 윗면은 갈색~노란갈색~붉은갈색이며, 습하면 끈적하고 건조하면 비단 같다. 밑면은 관구멍으로 되어 있으며, 관구멍은 방사상의 내린형으로 노란색에서 노란갈색이 된다. **자루** 길이 4~9㎝, 굵기 5~15㎜. 겉면은 흰노란색~노란색이고 갈색~붉은갈색의 잔 거스러미 같은 끈적점이 있으며, 젊을 때는 윗동에 상처가 나면 흰노란색 젖이 나온다.

갓이 비단 같고 상처가 나면 흰노란색 젖이 나온다. 6월 15일

01 어린 버섯.
6월 10일

02 젊은 버섯.
6월 15일

03 다 자란 버섯.
8월 31일

04 다 자란 버섯.
9월 16일

05 늙은 버섯.
9월 16일

06 상세 모습.
8월 31일

황소비단그물버섯

Suillus bovinus (Pers.) Rouss.

비단그물버섯과 | 식용(감칠맛) | 약용(항종양)

발생 여름~가을, 소나무숲·혼합림

갓 지름 3~10㎝. 윗면은 황소털색(연붉은갈색)으로 습하면 끈적해지고 건조하면 비단처럼 반짝이며, 갓살은 크림색~연노란붉은갈색이다. 밑면은 관구멍으로 되어 있으며, 관구멍은 완전붙은형~내린형으로 큰 다각형이고 어릴 때 노란녹색에서 올리브갈색이 된다. **자루** 길이 3~6㎝, 굵기 4~12㎜. 겉면은 연노란갈색이다.

갓이 황소털색이고 윤기가 난다. 9월 1일

01 어린 버섯. 9월 1일

02 젊은 버섯. 9월 1일

03 다 자란 버섯. 9월 1일   **04** 늙은 버섯. 6월 12일

05 상세 모습. 9월 1일

붉은비단그물버섯

Suillus pictus (Peck.) Sm. & Thiers
비단그물버섯과 | 식용(담백한 맛)
발생 여름~가을, 소나무숲

갓 지름 5~10㎝. 윗면은 붉은벽돌색~붉은갈색 섬유비늘로 덮이고, 갓살이 연노란색이며, 자른 면이 조금 붉은색으로 변한다. 밑면은 관구멍으로 되어 있으며, 관구멍은 방사상의 내린형으로 지름 0.5~5㎜이고 노란색에서 점차 노란갈색이 된다. 상처는 갈색을 거쳐 어두운 갈색으로 2단계 변색이 된다.
자루 길이 3~8㎝, 굵기 8~15㎜. 갓과 같은 붉은벽돌색~붉은갈색 섬유비늘로 덮여 있으며, 윗동에 흰자주회색 턱받이가 생긴다.

갓과 자루가 붉은 섬유비늘로 덮여 있다. 8월 31일

01 어린 버섯.
8월 31일

02 어린 버섯.
8월 30일

03 젊은 버섯.
8월 31일

04 다 자란 버섯.
8월 31일

05 다 자란 버섯.
8월 31일

06 상세 모습.
8월 31일

청변민그물버섯 (회갈색민그물버섯)

Phylloporus bellus var. *cyanescens* Corner

그물버섯과 | 식용 불가 | 일반 독성

발생 여름~가을, 넓은잎나무숲~정원

갓 지름 4~8㎝. 윗면은 붉은노란색~붉은갈색이고, 갓살은 연노란색이다. 밑면은 주름살로 되어 있으며, 주름살은 내린형으로 자루 윗동에 이어져 있고 어릴 때는 빽빽하나 점차 성글어진다. 노란색에서 점차 올리브갈색이 되며, 상처는 푸른녹색으로 변한다. **자루** 길이 4~8㎝. 겉면은 노란색~노란갈색이고, 밑동이 좀 더 가늘다.

갓 밑면에 관구멍이 없고 노란 주름살이 있다. 7월 21일

01 젊은 버섯. 7월 14일

02 다 자란 버섯. 7월 21일

03 늙은 버섯. 7월 21일

04 상세 모습. 7월 21일

능이버섯

Sarcodon imbricatus (L.) P. Karst.

능이버섯과 | 식용(감칠맛, 달달한 맛) | 약용(고지혈증) | 약간 독성

발생 여름~가을, 6~8부 능선 넓은잎나무숲(주로 신갈, 졸참, 굴참, 상수리, 물박달) 산비탈~계곡가

갓 지름 10~20㎝. 윗면은 연붉은갈색에서 검은갈색이 되었다가 검은색이 되고, 이빨비늘이 나이테모양으로 덮이며, 갓우물이 자루까지 깊게 파여 있다. 갓살은 연붉은색. 밑면은 길이 5~15mm의 노루털침이 빽빽하고, 흰회갈색에서 검은회갈색이 된다. **자루** 길이 3~6㎝, 굵기 1.5~3.5㎝. 겉면은 흰회갈색에서 검은회갈색이 되며, 짧은 노루털침이 갓 밑면보다 빽빽하다. 깊고 향긋한 냄새가 난다.

갓우물이 자루까지 깊게 파여 있다. 10월 13일

01 젊은 버섯.
10월 3일

02 다 자란 버섯.
10월 3일

03 다 자란 버섯.
10월 3일

04 늙은 버섯. 10월 15일

05 상세 모습. 10월 6일

개능이

Sarcodon imbricatus (L. e× Fr.) Karst.
능이버섯과 | 식용 부적합(쓴맛) | 약용(고지혈증)
발생 여름~가을, 주로 소나무숲~혼합림

갓 지름 5~20㎝. 윗면은 어두운 갈색에서 검은갈색이 되고, 두꺼운 이빨비늘이 성기게 있다. 갓살은 연붉은갈색이며, 두툼하고 탄력 있다. 밑면은 길이 1~10㎜의 노루털침이 빽빽하며, 흰회색에서 회색~회갈색이 된다. **자루** 길이 2.5~8㎝, 굵기 1~3㎝. 겉면에 갓과 같은 노루털침이 조금 성기게 덮여 있다. 조금 매운 냄새가 난다.

두꺼운 이빨비늘이 성기게 나 있다. 8월 17일

01 어린 버섯. 8월 1일

02 젊은 버섯. 8월 17일

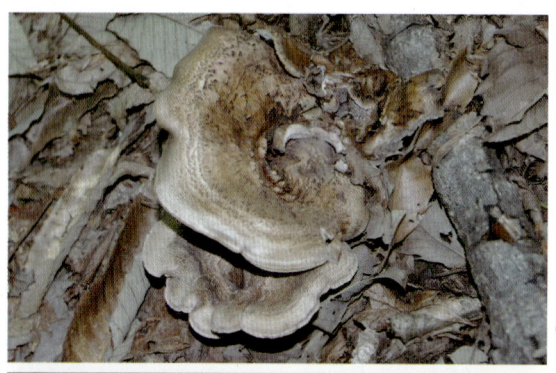
03 다 자란 버섯.
8월 17일

04 상세 모습.
8월 1일

고리갈색깔때기버섯

Hydnellum concrescens (Pers.) Banker

능이버섯과 | 식용 부적합(가죽질) | **독성분 여부 미상**

발생 여름~가을, 소나무숲

갓 지름 1~4㎝. 여러 개가 맞붙어서 한 덩어리가 된다. 윗면은 갈색~진갈색이고 가장자리로 갈수록 연갈색이며, 벨벳 또는 비단 같고, 방사상 주름과 고리무늬가 있다. 밑면은 1~3㎜ 길이의 노루털침이 많으며 짙은 갈색이다. **자루** 길이 1~3㎝, 굵기 5~20㎜. 겉면은 갈색이고 벨벳 같으며, 속은 해면 같다. 밑동이 점차 굵어진다.

갓에 고리무늬가 있고 깔때기모양이다. 7월 26일

01 젊은 버섯. 7월 26일

02 늙은 버섯. 9월 23일

03 늙은 버섯. 9월 23일

04 상세 모습. 9월 23일

고리갈색깔때기버섯 · 277

굴뚝버섯 (흰굴뚝버섯)

Boletopsis leucomelaena (Pers.) Fayod

능이버섯과 | 식용(조금 떨어지는 맛, 쓴맛) | 약용(천식) | 약간 독성

발생 여름~가을, 소나무숲~혼합림

갓 지름 5~15㎝. 윗면은 흰회색에서 검은회색이 되고, 짧은 털로 덮이며, 물체가 닿으면 연붉은자주색으로 변한다. 갓살은 흰색이나 자른 면이 연붉은자주색으로 변한다. 밑면은 관구멍으로 되어 있으며, 관구멍은 미로형으로 깊이 1~2㎜이고 흰색에서 회색이 된다. 상처는 붉은자주색으로 변한다. **자루** 길이 2~10㎝, 굵기 10~25㎜. 겉면은 흰색에서 회색이 되고, 짧은 털이 있다.

갓이 점차 검어진다. 10월 28일

01 젊은 버섯.
10월 28일

02 다 자란 버섯.
10월 28일

03 상세 모습.
10월 28일

다발방패버섯 (다발구멍장이버섯)

Albatrellus confluens (Alb. & Schw.) Kotl. & Pouz.
방패버섯과 | 식용(담백하고 조금 배추맛) | 약용(결핵)
발생 여름~가을, 소나무숲~혼합림

갓 지름 3~20㎝. 여러 개가 맞붙어 30㎝까지 되기도 한다. 윗면은 흰노란색~노란크림색~붉은크림색이며, 갓살은 흰색~크림색이다. 밑면은 아주 미세한 관구멍으로 되어 있으며, 관구멍은 내린형으로 1㎜당 3~5개이고 흰색이다. **자루** 길이 3~6㎝, 굵기 1~3㎝. 겉면은 흰색이고, 갓 가운데보다 옆으로 붙으며, 노란갈색 얼룩이 생긴다. 냄새가 강하다.

여러 개가 맞붙어 올라오며 부드러운 모양이다. 9월 13일

01 어린 버섯.
9월 2일

02 어린 버섯.
8월 25일

03 어린 버섯.
9월 2일

04 젊은 버섯.
9월 21일

05 다 자란 버섯.
8월 1일

06 상세 모습.
10월 19일

꽃방패버섯 (꽃구멍장이버섯)

Albatrellus dispansus (Lloyd) Canf. & Gilbn.
방패버섯과 | 식용 부적합(매운맛) | 약용(항종양) | 약간 독성
발생 여름~가을, 넓은잎나무숲~소나무숲~혼합림

갓 지름 5~15㎝. 전체 높이가 5~15㎝가 된다. 윗면은 노란갈색이고 꽃모양이며, 갓살은 흰색이고 잘 부서진다. 밑면은 관구멍으로 되어 있으며, 관구멍은 내린형으로 1㎜당 2~3개이고 흰색이다. **자루** 길이가 짧고 뭉툭하며, 겉면은 노란회색이고 짧은 가지처럼 여러 갈래로 갈라진다. 향긋한 냄새가 난다.

작은 버섯들이 뭉쳐서 꽃처럼 된다. 8월 15일

01 어린 버섯. 9월 1일

02 어린 버섯. 8월 24일

03 젊은 버섯.
8월 21일

04 다 자란 버섯.
8월 21일

05 상세 모습.
9월 16일

꽃방패버섯 · 285

푸른끈적버섯

Cortinarius salor Fr.

끈적버섯과 | 식용(조금 떨어지는 맛) | 약용(항종양)
발생 여름~가을, 넓은잎나무숲~혼합림

갓 지름 2.5~5㎝. 윗면은 푸른연자주색이고 끈적한 점액으로 덮이며, 갓살은 연자주색이다. 밑면은 주름살로 되어 있으며, 주름살은 끝붙은형~올린형이고 간격이 5~6㎜로 성기며 푸른연자주색에서 붉은갈색이 된다. **자루** 길이 4~7㎝, 굵기 5~10㎜. 겉면은 연자주색이고 끈적한 점액으로 덮이며, 밑동은 곤봉모양이고 점차 어두운 갈색이 된다.

전체가 푸른연자주색이고 끈적하다. 7월 14일

01 어린 버섯. 8월 29일

02 젊은 버섯. 8월 29일

03 다 자란 버섯.
7월 14일

04 상세 모습.
7월 14일

풍선끈적버섯

Cortinarius purpurascens Fr.
끈적버섯과 | 식용 불가(한때 식용으로 잘못 알려짐, 별다른 맛이 없음) | **일반 독성**
발생 여름~가을, 넓은잎나무숲~소나무숲

갓 지름 3~13㎝. 윗면은 갈색~황토갈색이고, 가장자리는 연갈색이 되었다가 점차 자주색이 되며, 갓살은 연자주색이다. 밑면은 주름살로 되어 있으며, 주름살은 끝붙은형으로 조금 빽빽하고 자주색에서 붉은갈색이 되며 상처가 검은자주색으로 변한다. **자루** 길이 3~10㎝, 굵기 8~13㎜. 겉면은 자주색이고, 밑동이 풍선모양이다. 조금 불쾌한 냄새가 난다. ● **주의** 치명적인 독성분이 있는 것으로 밝혀졌으므로 절대 먹어선 안 된다.

갓은 갈색이고, 주름살과 자루는 자주색이다. 9월 14일

01 어린 버섯. 10월 6일

02 다 자란 버섯. 8월 3일

03 다 자란 버섯. 10월 6일

04 상세 모습. 8월 3일

적갈색끈적버섯

Cortinarius allutus Fr.
끈적버섯과 | 식용(달달한 맛)
발생 여름~가을, 넓은잎나무숲(참나무, 너도밤나무)~소나무숲

갓 지름 4~10㎝. 윗면은 노란갈색에서 적갈색이 되고, 갓살은 흰색이다. 밑면은 주름살로 되어 있으며, 주름살은 빽빽하고 크림색에서 점차 노란갈색이 되었다가 적갈색이 된다. **자루** 길이 3~8㎝, 굵기 8~15㎜. 겉면은 크림색~노란크림색이고 적갈색 얼룩이 있으며, 밑동이 풍선처럼 부풀어 있다. 때로 흙냄새가 난다.

갓이 점차 적갈색이 된다. 9월 21일

01 젊은 버섯. 9월 21일

02 다 자란 버섯. 9월 21일

03 다 자란 버섯. 9월 21일

04 상세 모습. 9월 21일

황소끈적버섯

Cortinarius bovinus Fr.
끈적버섯과 | 식용 불가 | **독성분 여부 미상**
발생 여름~가을, 소나무숲

갓 지름 4~7㎝. 윗면은 황소털색이고, 끈적하지 않다. 밑면은 주름살로 되어 있으며, 주름살은 끝붙은형이고 조금 성기며 어릴 때 연한 황소털색에서 점차 황소털색이 된다. **자루** 길이 5~8.5㎝, 굵기 7~12㎜. 겉면은 흰색이고 어릴 때 밑동이 연한 황소털색을 띠다가 점차 황소털색이 된다.

갓이 황소털색이다. 7월 22일

01 젊은 버섯.
7월 22일

02 다 자란 버섯.
7월 22일

03 상세 모습.
7월 22일

노랑끈적버섯

Cortinarius tenuipes (Hongo) Hongo
끈적버섯과 | 식용(달달하면서 감칠맛)
발생 여름~가을, 넓은잎나무숲(참나무, 상수리나무, 졸참나무, 굴참나무)~혼합림

갓 지름 4~9㎝. 윗면은 연노란갈색에서 노란갈색이 되며, 가운데가 조금 짙고, 습하면 끈적해진다. 밑면은 주름살로 되어 있으며, 주름살은 끝붙은형이고 조금 빽빽하며 흰색에서 연노란갈색이 된다. **자루** 길이 6~7㎝, 굵기 7~11㎜. 겉면은 흰색으로 점차 연노란갈색 얼룩이 생기며, 구부정하게 굽는다.

갓 가운데가 짙고, 습하면 끈적해진다. 9월 1일

01 다자란 버섯. 10월 10일

02 늙은 버섯. 10월 10일

03 늙은 버섯.
10월 13일

04 상세 모습.
9월 1일

끈적버섯아재비

Cortinarius turmalis (Fr.) Fr.
끈적버섯과 | 식용 불가 | 독성분 여부 미상
발생 여름~가을, 소나무숲~혼합림

갓 지름 4~8cm. 윗면은 맑은 황토색이나 한가운데가 갈색이고 습하면 끈적해지며, 갓살은 흰색이고 육질이 조금 두툼하다. 밑면은 주름살로 되어 있으며, 주름살은 올린형이고 조금 빽빽하며 어릴 때 흰색에서 갈색이 된다. **자루** 길이 4~10cm, 굵기 6~10mm. 겉면이 흰색이고, 밑동이 좀 더 가늘다.

갓 한가운데가 갈색이다. 10월 11일

01 어린 버섯. 10월 11일

02 다 자란 버섯. 9월 16일 **03** 늙은 버섯. 6월 5일

04 상세 모습. 10월 11일

끈적버섯아재비 · 297

노란턱돌버섯

Descolea flavoannulata (L. Vass.) E. Horak

끈적버섯과 | 식용 불가 | **독성분 여부 미상**

발생 여름~가을, 넓은잎나무숲~소나무숲~혼합림

갓 지름 5~8㎝. 윗면은 노란진갈색이고, 돌가루 같은 사마귀가 있다. 밑면은 주름살로 되어 있으며, 주름살은 완전붙은형이고 조금 성기며 어릴 때 노란갈색에서 노란진갈색이 된다. **자루** 길이 4~8㎝, 굵기 6~15㎜. 겉면은 갓과 같은 노란진갈색이고, 돌가루 같은 사마귀가 있으며, 치마모양의 노란색 턱받이가 생긴다.

갓에 돌가루 같은 사마귀가 붙어 있다. 9월 23일

01 어린 버섯.
9월 23일

02 다 자란 버섯.
7월 16일

03 늙은 버섯.
7월 16일

노란턱돌버섯 · 299

04 늙은 버섯. 9월 12일

05 상세 모습. 7월 16일

주름버섯

Agaricus campestris (L.) Fr.
주름버섯과 | 식용 부적합(유럽에서는 식용, 송이버섯과 비슷한 맛) | **약간 독성**
발생 봄~가을, 들판~풀밭~잔디밭

갓 지름 3~10㎝. 윗면은 흰색에서 연붉은갈색이 되고, 상처가 조금 붉은색으로 변한다. 밑면은 주름살로 되어 있으며, 주름살은 떨어진형이고 빽빽하며 어릴 때 연붉은색에서 점차 자주갈색~검은갈색이 된다. **자루** 길이 5~10㎝, 굵기 7~18㎜. 겉면이 흰색이고, 상처가 나면 연붉은색을 거쳐 갈색이 되어 2단계로 변색이 된다. 윗동에는 치마모양의 흰색 턱받이가 생긴다. ● **주의** 유럽에서는 재배하여 식용하나, 항종양 성분인 폴리사카리드뿐만 아니라 독성분인 아가리틴(열에 파괴되는 발암물질)도 함유되어 있어 조리하면서 들이마실 수 있고 날로 먹거나 덜 익혀 먹으면 중독되므로 야생버섯은 먹지 않는다.

빗물에 포자가 흘러내려 자주갈색으로 물든 모습. 9월 23일

01 다 자란 버섯. 9월 23일

02 상세 모습. 9월 23일

흰주름버섯

Agaricus arvensis Schaeff.

주름버섯과 | 식용 부적합(유럽에서 식용, 닭고기맛·감칠맛) | **약간 독성**

발생 여름~가을, 풀밭~잔디밭~대나무밭 근처

갓 지름 8~20㎝. 윗면은 흰크림색에서 점차 노란크림색이 되며, 갓살은 흰색에서 노란색으로 변한다. 밑면은 주름살로 되어 있으며, 주름살은 떨어진형으로 빽빽하고 흰색에서 점차 붉은회색이 되었다가 검은갈색이 된다. **자루** 길이 5~20㎝, 굵기 1~3㎝. 겉면은 흰크림색이고 굵은 솜털비늘이 있으며, 속은 비어 있다. 상처가 노란색으로 변한다. 윗동에는 긴 치마모양의 흰색 2겹 턱받이가 생긴다.

자루에 굵은 솜털비늘이 있다. 7월 8일

01 젊은 버섯.
7월 8일

02 젊은 버섯.
6월 30일

03 다 자란 버섯.
6월 30일

04 늙은 버섯. 6월 30일

05 상세 모습. 6월 30일

담황색주름버섯

Agaricus silvicola (Vitt.) Sacc.
주름버섯과 | 식용 불가(한때 식용으로 잘못 알려짐, 고기맛) | **약간 독성**
발생 여름~가을, 넓은잎나무숲~소나무숲

갓 지름 5~12㎝. 윗면은 흰색에서 담황색이 되고, 갓살은 갈색이다. 밑면은 주름살로 되어 있으며, 주름살은 떨어진형이고 빽빽하며 흰색에서 분홍색이 되었다가 검은갈색이 된다. **자루** 길이 6~15㎝, 굵기 6~15㎜. 겉면은 담황색이고, 밑동이 굵으며, 윗동에 치마모양의 흰색 2겹 턱받이가 생긴다. ● **주의** 아가리틴(열에 파괴되는 발암물질)이 함유되어 있어 조리할 때 독성분을 들이마실 수 있으며, 날로 먹거나 덜 익혀 먹으면 중독되므로 먹지 않는다.

갓이 어릴 때 흰색에서 점차 담황색이 된다. 7월 6일

01 늙은 버섯. 7월 6일

02 늙은 버섯. 7월 6일

주름버섯아재비

Agaricus placomyces (Peck.) var. *placomyces*
주름버섯과 | 식용 불가(한때 식용으로 잘못 알려짐) | 약간 독성
발생 여름~가을, 혼합림

갓 지름 5~15㎝. 윗면은 흰색이고 회갈색~짙은 갈색 비늘이 있으며, 갓살은 흰색이다. 밑면은 주름살로 되어 있으며, 주름살은 떨어진형이고 빽빽하며 어릴 때 흰색에서 연붉은색이 되었다가 검은갈색이 된다. **자루** 길이 5~15㎝, 굵기 6~15㎜. 겉면은 흰색이고, 솜털비늘이 있으며, 상처가 연노란색이 되었다가 갈색이 되어 2단계로 변색이 된다. 윗동에 치마모양의 흰색 턱받이가 생긴다. ● **주의** 불쾌한 페놀 냄새가 나고, 날로 먹거나 과식하면 위장장애가 일어나므로 먹어선 안 된다.

갓에 비늘이 있다. 8월 19일

01 젊은 버섯. 8월 9일

02 늙은 버섯. 8월 19일

03 늙은 버섯.
8월 19일

04 상세 모습.
8월 19일

숲주름버섯

Agaricus silvaticus Schaeff.
주름버섯과 | 식용 절대 불가 | 준맹독성
발생 여름~가을, 소나무숲

갓 지름 4~12㎝. 윗면은 흰색이고, 연붉은갈색 섬유비늘이 있으며, 상처가 붉은색으로 변한다. 갓살은 흰색. 밑면은 주름살로 되어 있으며, 주름살은 끝 붙은형이고 빽빽하며 분홍색에서 점차 검은갈색이 된다. **자루** 길이 6~12㎝, 굵기 8~16㎜. 겉면은 흰색이고 굵은 솜털비늘이 있으며, 속이 비어 있다. 윗동에는 치마모양의 흰색 턱받이가 생긴다. ● **주의** 아가리틴(열에 파괴되는 발암물질)이 함유되어 있으므로 먹어선 안 된다.

상처가 나면 붉은색으로 변한다. 6월 26일

01 다 자란 버섯. 6월 26일
02 늙은 버섯. 7월 7일
03 늙은 버섯. 7월 7일
04 상세 모습. 6월 26일

진갈색주름버섯

Agaricus subrutilescens (Kauffm.) Hots. & Stun.
주름버섯과 | 식용 불가(한때 식용으로 잘못 알려짐, 밍밍한 맛) | 약간 독성
발생 여름~가을, 산기슭이나 산등성이의 넓은잎나무숲~소나무숲~혼합림

갓 지름 5~20㎝. 윗면은 흰색이고 진갈색 섬유비늘이 있으며, 갓살은 흰색에서 점차 자주갈색이 된다. 밑면은 주름살로 되어 있으며, 주름살은 떨어진 형이고 빽빽하며 분홍색에서 점차 진갈색이 된다. **자루** 길이 5~20㎝, 굵기 8~20㎜. 겉면은 윗동이 분홍색이고, 밑동은 흰색이며, 굵은 솜털비늘이 있다. 윗동에 치마모양의 흰색 턱받이가 생긴다.

갓이 진갈색 섬유비늘로 덮여 있다. 6월 29일

01 어린 버섯. 9월 21일   02 젊은 버섯. 6월 28일
03 늙은 버섯. 9월 21일   04 상세 모습. 6월 29일

연기색만가닥버섯 (만가닥버섯)

Lyophyllum fumosum (Pers.) Orton

만가닥버섯과 | 식용(감칠맛) | 약용(항종양)

발생 여름~가을, 넓은잎나무숲~혼합림

갓 지름 1.5~15㎝. 윗면은 연기색(그을린 회색)이고, 갓살은 흰색이다. 밑면은 주름살로 되어 있으며, 주름살은 완전붙은형~홈형이고 빽빽하며 어릴 때 흰색에서 점차 엷은 연기색이 된다. **자루** 길이 1~10㎝, 굵기 4~27㎜. 겉면은 흰색~엷은 연기색이고, 여러 개의 밑동이 하나로 뭉쳐서 덩어리뿌리처럼 된다.

연기색(그을린 회색) 버섯들이 뭉쳐서 올라온다. 9월 1일

01 어린 버섯.
8월 18일

02 어린 버섯.
9월 2일

03 젊은 버섯.
8월 1일

04 다 자란 버섯.
9월 5일

05 늙은 버섯.
10월 11일

06 상세 모습.
8월 25일

송이버섯

Tricholoma matsutake (S. Ito & Imai) Sing.
송이버섯과 | 식용(감칠맛) | 약용(항종양)
발생 가을, 20년 이상 된 소나무숲(때로 가문비나무숲, 솔송나무숲, 구상나무숲)

갓 지름 8~25㎝. 윗면은 갈색이고 갈색 섬유비늘로 덮여 있으며, 갓살은 흰색이다. 밑면은 주름살로 되어 있으며, 주름살은 홈형이고 빽빽하며 흰색인데 점차 갈색 얼룩이 생긴다. **자루** 길이 10~20㎝, 굵기 1.5~3㎝. 겉면은 흰색이고 갈색 섬유비늘로 덮여 있으며, 윗동에 솜털 같은 턱받이가 생긴다. 소나무냄새가 난다.

20년 이상 된 소나무 밑에서 볼 수 있다. 9월 22일

01 어린 버섯. 9월 22일

02 어린 버섯. 9월 22일　　　　　　**03** 어린 버섯. 9월 22일

04 상세 모습. 9월 22일

05 서식지. 9월 3일

흰갈색송이

Tricholoma albobrunneum (Pers.) P. Kumm.
송이버섯과 | 식용 불가(한때 식용으로 잘못 알려짐, 쓴맛) | 일반 독성
발생 여름~가을, 소나무숲·혼합림

갓 지름 3~10㎝. 윗면은 흰갈색~갈색~밤갈색이고, 갓살은 흰색이다. 밑면은 주름살로 되어 있으며, 주름살은 끝붙은형이고 빽빽하며 흰색인데 점차 갈색 얼룩이 생긴다. **자루** 길이 4~10㎝, 굵기 1~2.2㎝. 겉면은 흰색이고, 연갈색 얼룩이 있다. ● **주의** 치명적인 독성분이 함유된 것으로 밝혀졌으므로 절대 먹어선 안 된다. 어릴 때 모습이 송이버섯과 혼동하기 쉬우나, 흰갈색송이는 송이버섯과 달리 갓과 자루에 섬유비늘이 없다.

송이버섯과 달리 갓과 자루에 섬유비늘이 없다. 10월 19일

01 어린 버섯. 10월 19일

02 젊은 버섯. 10월 19일

03 늙은 버섯. 10월 19일

04 상세 모습. 10월 19일

쓴송이

Tricholoma sejunctum (Sowerby) Quél.

송이버섯과 | 식용 부적합(쓴맛) | 약용(항종양) | 약간 독성

발생 여름~가을, 넓은잎나무숲~소나무숲

갓 지름 4~10㎝. 윗면은 노란색이고 어두운 녹색의 방사상 섬유무늬가 있으며, 습하면 조금 끈적해진다. 갓살은 흰색. 밑면은 주름살로 되어 있으며, 주름살은 끝붙은형이고 조금 빽빽하며 흰색~노란색이다. **자루** 길이 5~13㎝, 굵기 1~2㎝. 겉면은 흰색~노란색이고, 밑동이 조금 불룩하며, 속이 비어 있다. 때로 밀가루냄새가 난다.

갓이 노랗고 갓꼭지가 있다. 9월 11일

01 젊은 버섯. 9월 11일

02 다 자란 버섯. 9월 11일

03 다 자란 버섯. 9월 11일  **04** 늙은 버섯. 9월 11일

05 상세 모습. 9월 11일

할미송이

Tricholoma saponaceum (Fr.) P. Kumm.
송이버섯과 | 식용 부적합(쓴맛) | 일반 독성
발생 여름~가을, 넓은잎나무숲~소나무숲~혼합림

갓 지름 3.5~7㎝. 윗면은 갈색~올리브갈색~흰회색이고, 한가운데에 회갈색 비늘가루가 있으며, 갓살은 흰색이다. 상처가 나면 붉은갈색으로 변한다. 밑면은 주름살로 되어 있으며, 주름살은 홈파진형이고 조금 성기며 흰색이고 붉은 얼룩이 생긴다. **자루** 길이 2.5~8㎝, 굵기 8~15㎜. 겉면은 흰색~올리브색이고, 회색 비늘조각으로 덮여 있다. 비누냄새가 난다.

갓 한가운데에 회갈색 비늘가루가 있다. 8월 24일

01 젊은 버섯.
8월 24일

02 젊은 버섯.
8월 24일

03 다 자란 버섯.
8월 24일

04 늙은 버섯. 8월 24일

05 상세 모습. 8월 24일

솔버섯

Tricholomopsis rutilans (Schaeff.) Sing.
송이버섯과 | 식용(담백한 맛) | **약간 독성**
발생 여름~가을, 소나무 썩은 것~그루터기나 그 주변 땅

갓 지름 4~15㎝. 윗면은 노란색이고, 붉은갈색의 미세한 비늘가루가 있다. 밑면은 주름살로 되어 있으며, 주름살은 끝붙은형~완전붙은형이고 빽빽하며 노란색이다. **자루** 길이 6~20㎝, 굵기 1~2.5㎝. 겉면이 갓과 같은 노란색이고, 붉은갈색의 미세한 비늘가루로 덮여 있다. 흙냄새와 썩은 나무냄새가 난다.

갓과 자루가 붉은갈색의 미세한 비늘가루로 덮여 있다. 9월 18일

01 어린 버섯. 9월 18일

02 다 자란 버섯. 9월 5일

03 다 자란 버섯.
9월 18일

04 상세 모습.
9월 18일

넓은솔버섯 (넓은주름긴뿌리버섯)

Megacollybia platyphylla (Pers.) Kotl. & Pouz.
낙엽버섯과 | 식용(담백한 맛) | 약용(항종양) | 약간 독성
발생 여름~가을, 소나무나 넓은잎나무 죽은 것~그루터기나 그 주변 땅

갓 지름 5~20㎝. 윗면은 회색~회갈색~검은갈색이고 방사상의 섬유무늬가 있으며, 갓살은 흰색이다. 밑면은 주름살로 되어 있으며, 주름살은 홈형이고 조금 성기며 흰색이다. **자루** 길이 7~12㎝, 굵기 7~12㎜. 겉면은 흰색~회색이고, 밑동에 섬유 같은 흰색 균사가 붙어 있으며, 속이 비어 있다.

갓에 방사상의 섬유무늬가 있다. 6월 10일

01 젊은 버섯.
6월 10일

02 다 자란 버섯.
8월 29일

03 늙은 버섯.
7월 1일

04 늙은 버섯. 7월 1일    05 늙은 버섯. 7월 2일
06 상세 모습. 7월 1일

332 · 땅에 나는 버섯

민자주방망이버섯

Lepista nuda (Bull.) Cooke

송이버섯과 | 식용(고구마맛, 감칠맛) | 약용(항종양, 신경통, 당뇨) | 약간 독성

발생 여름~가을, 혼합림(넓은잎나무, 소나무)~잡목숲~정원

갓 지름 6~10㎝. 윗면은 연자주색이고 점차 옅어져서 연노란갈색 얼룩이 생기며, 갓살은 연자주색이다. 밑면은 주름살로 되어 있으며, 주름살은 끝붙은 형이고 빽빽하며 어릴 때 자주색이나 점차 연노란자주색이 된다. **자루** 길이 4~8㎝, 굵기 1~1.5㎝. 겉면은 연자주색이고, 밑동이 방망이모양이다.

자주색 갓이 점차 옅어진다. 10월 23일

01 어린 버섯.
10월 19일

02 다 자란 버섯.
10월 23일

03 다 자란 버섯. 10월 23일

04 늙은 버섯. 10월 19일

자주방망이버섯아재비

Lepista sordida (Schum.) Sing.

송이버섯과 | 식용(조금 생선맛) | 약용(화병) | 약간 독성

발생 여름~가을, 풀밭~잔디밭~대나무숲~도로가

갓 지름 4~80㎝. 윗면은 자주색에서 연자주색이 되었다가 연한 회갈색으로 엷어진다. 밑면은 주름살로 되어 있으며, 주름살은 홈형~끝붙은형~완전붙은형~내린형 등으로 다양하고 성기며 연한 회자주색이다. **자루** 길이 3~8㎝, 굵기 6~10㎜. 겉면은 연한 회자주색이고 섬유무늬가 있다. 소나무냄새가 난다.

갓이 연자주색이다. 8월 29일

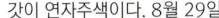

01 어린 버섯.
7월 5일

02 어린 버섯.
8월 25일

03 어린 버섯.
8월 25일

04 다 자란 버섯.
7월 6일

05 다 자란 버섯.
7월 16일

06 상세 모습.
8월 29일

깔때기버섯

Clitocybe gibba (Pers.) P. Kumm.
송이버섯과 | 식용 절대 불가(한때 식용으로 잘못 알려짐, 담백한 맛) | **약간 독성**
발생 여름~가을, 넓은잎나무숲~소나무숲~혼합림

갓 지름 4~8㎝. 윗면은 연붉은갈색~살색이고, 한가운데에 작은 비늘조각이 있다. 밑면은 주름살로 되어 있으며, 주름살은 내린형이고 빽빽하며 흰색이다. **자루** 길이 2.5~5㎝, 굵기 5~13㎜. 겉면은 갓보다 연한 색이고, 밑동에 흰색 균사가 붙어 있다. ● **주의** 치명적인 독성분이 들어 있으므로 절대 먹어선 안 되며, 특히 술과 함께 먹으면 중독되므로 주의한다.

갓이 연노란갈색~살색이다. 8월 31일

01 젊은 버섯. 8월 31일 02 젊은 버섯. 7월 7일
03 늙은 버섯. 9월 23일 04 상세 모습. 8월 31일

베이지깔때기버섯 (흰삿갓깔때기버섯)

Clitocybe fragrans (With.) P. Kumm.
송이버섯과 | 식용 불가(한때 식용으로 잘못 알려짐) | **약간 독성**
발생 여름~가을, 넓은잎나무숲~소나무숲~혼합림

갓 지름 1.5~4㎝. 윗면은 흰색에서 점차 베이지색(연노란색)이 되며, 습하면 방사상 섬유무늬가 생긴다. 밑면은 주름살로 되어 있으며, 주름살은 완전붙은형~내린형으로 주름살 사이를 잇는 연결맥이 있고 조금 빽빽하며 흰색~베이지색이다. **자루** 길이 3~5㎝, 굵기 3~8㎜. 겉면은 갓과 같은 흰색에서 베이지색(연노란색)이 되고, 밑동에 균사가 있으며, 속은 비어 있다. ● **주의** 치명적인 독성분이 있는 것으로 밝혀졌으므로 절대 먹어선 안 된다.

갓이 흰색에서 베이지색이 된다. 7월 23일

01 다 자란 버섯. 8월 19일

02 다 자란 버섯. 8월 26일

03 늙은 버섯.
8월 26일

04 상세 모습.
7월 23일

백황색깔때기버섯 (흰독깔때기버섯)

Clitocybe dealbata (Sowerby) Gillet
송이버섯과 | 식용 절대 불가 | 준맹독성
발생 여름~가을, 넓은잎나무숲~혼합림(소나무, 넓은잎나무)~풀밭~잔디밭~정원

갓 지름 2~4㎝. 윗면은 흰색~흰노란색(백황색)이고, 갓살은 흰색이다. 밑면은 주름살로 되어 있으며, 주름살은 완전붙은형~내린형이고 빼빽하며 흰색~흰노란색이다. **자루** 길이 2~4㎝, 굵기 4~80㎜. 겉면은 갓과 같은 흰색~흰노란색이고, 윗동에 미세한 비늘가루가 있으며, 비단처럼 부드럽다. 밀가루 냄새가 난다. ● **주의** 치명적인 독성분이 들어 있으므로 절대 먹어선 안 된다.

갓과 자루가 흰노란색이다. 7월 16일

01 어린 버섯. 7월 16일

02 어린 버섯. 7월 16일

03 다 자란 버섯.
8월 16일

04 상세 모습.
8월 16일

흰털깔때기버섯 ※미기록종

Clitocybe sp.

송이버섯과 | 식용 불가 | **독성분 여부 미상**

발생 여름~가을, 넓은잎나무숲(너도밤나무, 참나무)~바늘잎나무숲(일본잎갈나무)~혼합림

갓 지름 3~8㎝. 윗면은 흰색이고, 연갈색 얼룩이 생기며, 어릴 때 흰털로 덮여 있으나 점차 섬유비늘처럼 된다. 갓살은 흰색이고, 상처가 나면 노란갈색으로 변한다. 밑면은 주름살로 되어 있으며, 주름살은 내린형으로 얇고 빽빽하며 흰색에서 점차 연갈색이 된다. **자루** 길이 5~10㎝, 굵기 10~18㎜. 겉면은 흰색이고, 연갈색 얼룩과 흰 털이 있다. 속은 비어 있다. ● **주의** 2009년 12월 국립산림과학원 조사팀이 제주도에서 처음 발견한 세계 미기록종 버섯으로 '흰털깔때기버섯'으로 명명되었다. 맛이 좋아 일본 일부 지역에서 식용한다는 기록이 있으나 깔때기버섯 속에는 맹독 성분인 무스카린 등이 들어 있는 버섯들이 많으므로 먹지 않는다.

갓에 흰 털이 있다. 8월 1일

01 젊은 버섯.
8월 1일

02 다 자란 버섯.
8월 1일

03 늙은 버섯.
9월 11일

04 늙은 버섯. 9월 11일

05 상세 모습. 8월 1일

꾀꼬리버섯

Cantharellus cibarius Fr.

꾀꼬리버섯과 | 식용(담백한 맛) | 약용(호흡기질환, 야맹증, 항종양) | **약간 독성**

발생 여름~가을, 혼합림

갓 지름 3~9㎝. 윗면은 갓살과 함께 꾀꼬리색(노란색)이고, 가장자리가 물결처럼 구불구불해진다. 밑면은 주름살로 되어 있으며, 주름살은 내린형이고 조금 빽빽하며 갓과 같은 노란 꾀꼬리색이거나 연한 색이며 연결맥은 없다.
자루 길이 1.5~6㎝, 굵기 5~15㎜. 겉면과 속이 모두 갓과 같은 노란 꾀꼬리색 또는 연한 색이다. 때로 살구냄새가 난다.

갓이 노란 꾀꼬리색이다. 9월 4일

01 어린 버섯.
8월 31일

02 젊은 버섯.
8월 31일

03 젊은 버섯.
9월 2일

04 늙은 버섯.
8월 31일

05 늙은 버섯.
8월 19일

06 상세 모습.
9월 4일

붉은꾀꼬리버섯

Cantbarellus cinnabarinus (Schw.) Schw.
꾀꼬리버섯과 | 식용(담백한 맛, 조금 매운맛)
발생 여름~가을, 넓은잎나무숲(참나무, 너도밤나무)~혼합림

갓 지름 1~5㎝. 윗면은 붉은 꾀꼬리색(오렌지색)이다. 밑면은 주름살로 되어 있으며, 주름살은 내린형으로 조금 성기고 갓과 같은 붉은 꾀꼬리색이거나 연한 색이며 주름살 사이를 잇는 연결맥이 있다. **자루** 길이 1~4㎝, 굵기 5~15㎜. 겉면은 갓과 같은 붉은 꾀꼬리색이거나 연한 색이고, 밑동으로 갈수록 가늘어지며, 속은 꽉 차 있다.

갓이 붉은 꾀꼬리색이다. 8월 16일

01 어린 버섯. 8월 25일
02 젊은 버섯. 8월 31일

03 다 자란 버섯.
8월 3일

04 늙은 버섯.
9월 5일

05 상세 모습.
8월 16일

회색꾀꼬리버섯 (회색뿔나팔버섯)

Craterellus cinereus (Pers.) Fr.
꾀꼬리버섯과 | 식용(감칠맛, 조금 쌉쌀한 뒷맛) | **약간 독성**
발생 여름~가을, 넓은잎나무숲~혼합림

갓 지름 2~4㎝. 10㎝까지 자라는 것도 있다. 윗면은 회색~회갈색~검은갈색이고, 미세한 섬유비늘로 덮여 있다. 밑면은 주름살로 되어 있으며, 주름살은 돌출맥모양의 내린형~떨어진형으로 조금 성기고 주름살 사이를 잇는 연결맥이 있으며 회색~회갈색~푸른회색이다. **자루** 길이 3~4㎝, 굵기 4~7㎜. 겉면은 회색~회갈색~검은갈색이고, 밑동으로 갈수록 가늘어지며, 속은 비어 있다.

갓이 섬유결모양이고 회색이다. 7월 16일

01 젊은 버섯. 8월 23일　　　　**02** 다 자란 버섯. 9월 1일
03 늙은 버섯. 7월 16일　　　　**04** 상세 모습. 7월 16일

황금꾀꼬리버섯

Cantharellus luteocomus Bigelow

꾀꼬리버섯과 | 식용(담백한 맛)

발생 여름~가을, 산등성이 주변의 소나무숲~넓은잎나무숲(자작나무)~혼합림

갓 지름 1~3㎝, 두께 1㎜. 윗면은 황금색~붉은황금색~흰황금색이고, 방사상 주름이 있으며, 주로 가장자리에 섬유털과 비늘이 있다. 밑면은 주름살로 되어 있으며, 주름살은 얕고 불분명한 돌출맥모양이거나 밋밋하고 흰황금색이다. **자루** 길이 1~3㎝, 굵기 3~6㎜. 겉면은 갓과 같은 황금색~붉은황금색~흰황금색이고, 밑동으로 갈수록 가늘어지며, 속은 비어 있다.

주로 갓 가장자리에 섬유털과 비늘이 있다. 9월 6일

01 어린 버섯.
8월 31일

02 젊은 버섯.
8월 31일

03 젊은 버섯. 9월 5일

04 상세 모습. 9월 6일

황금뿔나팔버섯

Craterllus aureus Berk. & Curt.
꾀꼬리버섯과 | 식용(조금 텁텁하고 쌉쌀한 맛)
발생 여름~가을, 혼합림

갓 지름 2.5~4㎝. 윗면은 황금색이고, 가장자리가 점차 물결처럼 구불구불해진다. 밑면은 갓보다 연한 색이며 밋밋하다. **자루** 길이 2.5~7㎝, 굵기 5~10㎜. 겉면은 갓과 같은 황금색이고, 밑동으로 갈수록 가늘어지며, 속은 비어 있다.

황금색 뿔나팔모양이고 갓 밑면이 밋밋하다. 8월 25일

01 젊은 버섯. 8월 25일

02 젊은 버섯. 8월 3일

03 젊은 버섯. 8월 25일
04 상세 모습. 8월 3일

깔때기뿔나팔버섯 (깔때기꾀꼬리버섯)

Cantharellus tubaeformis (Fr.) Quél.
꾀꼬리버섯과 | 식용(조금 달달한 맛) | 약용(항균)
발생 여름~가을, 소나무숲~혼합림

갓 지름 2~5㎝. 한가운데가 자루까지 뚫려 있다. 윗면은 노란갈색에서 회갈색이 되고, 방사상 섬유무늬가 있으며, 때로 희미한 나이테무늬가 생긴다. 밑면은 주름살로 되어 있으며, 주름살은 돌출맥 같은 모양이고 조금 성기며 주름살 사이를 잇는 연결맥이 있고 회색~푸른회색으로 가루질이다. **자루** 길이 3~6㎝, 굵기 4~9㎜. 겉면은 노란색이고, 밑동으로 갈수록 가늘어지며, 속은 비어 있다.

갓이 회갈색이고 자루가 노랗다. 8월 23일

01 어린 버섯.
8월 23일

02 어린 버섯.
8월 23일

03 젊은 버섯.
8월 23일

04 젊은 버섯.
8월 23일

05 다 자란 버섯.
8월 23일

06 상세 모습.
8월 23일

붉은나팔버섯 (나팔버섯)

Gomphus floccosus (Schw.) Sing.
나팔버섯과 | 식용 불가(조금 신맛) | 일반 독성
발생 여름~가을, 넓은잎나무숲~소나무숲~혼합림

갓 지름 4~12㎝. 윗면은 오렌지색이고 점모양의 갈색~붉은갈색 비늘가루가 있으며, 갓살은 흰색이다. 밑면은 주름살로 되어 있으며, 주름살은 돌출맥모양으로 내린형이고 조금 성기며 어릴 때 노란크림색~붉은크림색이다가 갈색이 된다. 상처가 나면 붉은갈색으로 변한다. **자루** 길이 3~6㎝, 굵기 8~30㎜. 겉면은 노란크림색~붉은크림색에서 점차 갈색이 되고, 밑동으로 갈수록 가늘어지며, 속은 비어 있다. 때로 달콤한 냄새가 난다.

갓이 붉고 좁은 나팔모양이다. 7월 31일

01 젊은 버섯. 7월 12일

02 젊은 버섯. 8월 3일

03 젊은 버섯. 8월 3일

04 상세 모습. 8월 3일

턱수염버섯

Hydnum repandum L.

턱수염버섯과 | 식용(달달하며 조금 쌉쌀하고 매운 뒷맛) | 약간 독성
발생 여름~가을, 소나무숲~혼합림

갓 지름 3~17㎝. 윗면은 연노란색~연노란갈색이고 벨벳 느낌이며, 갓살은 크림색이다. 밑면에는 턱수염침이 있으며, 연노란갈색~살색이다. **자루** 길이 3.5~7.5㎝, 굵기 1.5~4㎝이고, 갓 한가운데를 벗어나서 달리기도 한다. 겉면은 갓과 같은 연노란색~연노란갈색이고 작은 솜털이 있으며, 밑동이 조금 굵다. 상처가 나면 노란갈색으로 변한다.

갓모양이 조금 불분명하다. 9월 1일

01 어린 버섯. 9월 1일

02 어린 버섯. 9월 1일

03 다 자란 버섯. 9월 1일

04 상세 모습. 9월 1일

다색벚꽃버섯

Hygrophorus russula (Schaeff.) Kauffm.
벚꽃버섯과 | 식용(담백한 맛, 약간 쌉쌀한 뒷맛)

발생 여름~가을, 넓은잎나무숲(밤나무, 졸참나무, 상수리나무, 굴참나무, 너도밤나무)

갓 지름 5~12㎝. 윗면은 흰색이고, 홍차색~붉은밤색 얼룩이 있으며, 습하면 조금 끈적해진다. 밑면은 주름살로 되어 있으며, 주름살은 바른형~내린형이고 빽빽하며 흰색이다. 상처가 홍차색~붉은밤색으로 변색된다. **자루** 길이 3~8㎝, 굵기 1~3㎝. 겉면이 흰색이고, 홍차색~붉은밤색 얼룩이 있으며, 섬유결이다. 속은 꽉 차 있다.

갓에 홍차색(또는 붉은밤색) 얼룩이 있다. 9월 21일

01 젊은 버섯.
9월 12일

02 젊은 버섯.
9월 21일

03 다 자란 버섯.
10월 13일

04 다 자란 버섯. 9월 21일  **05** 늙은 버섯. 9월 21일

06 상세 모습. 9월 21일

다색벚꽃버섯 · 369

꽃버섯 (붉은산꽃버섯)

Hygrocybe conica (Schaeff.) P. Kumm.

벚꽃버섯과 | 식용 불가 | 일반 독성

발생 여름~가을, 넓은잎나무숲~소나무숲~대나무숲~풀밭~길가

갓 지름 1.5~4㎝. 윗면은 붉은색~오렌지색~노란색에서 검은색이 되고, 밀랍질이며, 습하면 조금 끈적해진다. 밑면은 주름살로 되어 있으며, 주름살은 끝붙은형이고 빽빽하며 연노란색이다. **자루** 길이 5~10㎝, 굵기 4~10㎜. 겉면은 연노란색에서 연한 오렌지색이 된다. 갓과 자루 모두 상처가 나면 검푸른색이 되었다가 검은색이 되어 2단계로 변색된다.

갓이 붉거나 노랗다. 9월 17일

01 어린 버섯. 9월 17일
02 젊은 버섯. 9월 17일
03 젊은 버섯. 9월 17일
04 상세 모습. 9월 17일

민긴뿌리버섯

Xerula radicata (Relhan) Dörfelt

뽕나무버섯과 | 식용(고소한 맛, 담백한 맛) | 약용(항종양, 고혈압)

발생 여름~가을, 넓은잎나무숲(너도밤나무)~소나무숲~혼합림

갓 지름 4~10㎝. 윗면은 연갈색~연한 회갈색이고, 쪼글쪼글한 방사상 주름이 잘 생기며, 습하면 조금 끈적해진다. 갓살은 흰색~회갈색. 밑면은 주름살로 되어 있으며, 주름살은 끝붙은형~완전붙은형이고 성기며 흰색이다. **자루** 길이가 땅위 5~12㎝, 땅속 3~35㎝. 가늘고 긴 뿌리모양이다. 겉면은 흰색이고, 갈색 비늘가루로 덮여 있으며, 때때로 뱀껍질무늬가 생긴다. 속이 비어 있다.

갓에 쪼글쪼글한 방사상 주름이 잘 생긴다. 6월 12일

01 어린 버섯. 6월 23일

02 젊은 버섯. 8월 25일

03 다 자란 버섯. 6월 12일

04 상세 모습. 6월 12일

볏짚버섯

Agrocybe praecox (Pers.) Fayod

독청버섯과 | 식용(감칠맛, 조금 아린 맛) | 약용(항종양)

발생 봄~가을, 풀밭~황무지~길가~밭둑

갓 지름 2~8㎝. 윗면은 볏짚갈색이고, 갓 가장자리에 외피막 조각들이 매달려 너덜거리며, 갓살은 흰색이다. 밑면은 주름살로 되어 있으며, 주름살은 완전붙은형~내린형이고 조금 빽빽하며 어릴 때는 노란흰색이나 늙으면 볏짚갈색이 된다. **자루** 길이 4~8㎝, 굵기 5~12㎜. 겉면은 볏짚갈색~짙은 볏짚갈색이고, 섬유무늬와 비늘가루가 있다. 윗동에는 세로줄무늬가 있는 치마모양의 볏짚갈색 턱받이가 생기나 잘 떨어져나간다.

갓이 볏짚갈색이다. 5월 25일

01 젊은 버섯. 5월 23일   02 상세 모습. 5월 25일

03 상세 모습. 5월 23일

삿갓땀버섯

Inocybe asterospora Quél.

땀버섯과 | 식용 절대 불가 | 일반 독성

발생 여름~가을, 넓은잎나무숲(참나무)~소나무숲~초원~정원

갓 지름 2.5~5㎝. 윗면은 붉은갈색이고, 방사상의 섬유무늬가 겉대로 갈라진다. 밑면은 주름살로 되어 있으며, 주름살은 끝붙은형이고 조금 빽빽하며 어릴 때는 흰색이나 점차 회갈색이 된다. **자루** 길이 9~20㎝, 굵기 3~15㎜. 겉면은 연갈색~붉은연갈색이고, 섬유무늬가 있으며, 밑동이 알뿌리모양이다.

● **주의** 치명적인 독성분이 있는 독버섯이므로 절대 먹어선 안 된다.

갓이 붉은갈색이다. 7월 22일

01 다 자란 버섯. 7월 22일

02 상세 모습. 7월 22일

외대버섯 (굽은외대버섯)

Entoloma(=Rhodophyllus) *sinuatum* (Bull.) P. Kumm.
외대버섯과 | 식용 불가(쓴맛이 없음) | 일반 독성
발생 여름~가을, 넓은잎나무숲~소나무숲

갓 지름 7~12㎝. 윗면은 연회갈색~연붉은회갈색이며, 마르면 비단 같은 윤기가 나고 습하면 조금 끈적해진다. 밑면은 주름살로 되어 있으며, 주름살은 완전붙은형~떨어진형으로 조금 빽빽하고 흰색에서 점차 연노란회색~연분홍회색이 된다. **자루** 길이 9~11.5㎝, 굵기 1~1.5㎝. 겉면은 흰색~흰회색이고 섬유결이며 갈색 얼룩이 생기고, 속은 꽉 차 있다. 밑동이 조금 굵고 종종 구부러진다. 비릿한 밀가루냄새가 난다. ● **주의** 일반 독성을 가진 독버섯으로 콜레라 증상을 일으키므로 먹어선 안 된다.

갓이 밋밋하고 회색빛이 돈다. 9월 21일

01 젊은 버섯. 9월 21일

02 상세 모습. 9월 21일

삿갓외대버섯

Entoloma(=Rhodophyllus) rhodopolium (Fr.) P. Kumm.
외대버섯과 | 식용 절대 불가 | 준맹독성

발생 여름~가을, 넓은잎나무숲(참나무, 떡갈나무)~소나무숲

갓 지름 3~12㎝. 윗면은 밝은 갈색~밝은 회갈색이고, 비단 같은 윤기가 있으며, 습하면 조금 끈적해진다. 갓살은 흰색이다. 밑면은 주름살로 되어 있으며, 주름살은 완전붙은형~홈형이고 빽빽하며 흰색에서 점차 연분홍색이 된다. **자루** 길이 5~10㎝, 굵기 5~15㎜. 조금 비틀기기도 한다. 겉면은 흰색에서 연붉은갈색이 되고 미세한 잔털이 있으며, 속은 해면 같고 비어서 잘 부서진다. ● **주의** 치명적인 준맹독성 버섯으로 1~3개만 먹어도 중독되며, 심하면 사망에까지 이르게 되므로 절대 먹어선 안 된다.

갓이 삿갓모양이다. 9월 20일

01 젊은 버섯.
6월 9일

02 늙은 버섯.
9월 17일

03 상세 모습.
6월 9일

외대덧버섯

Entoloma(=Rhodophyllus) crassipes Imz. & Toki
외대버섯과 | 식용(쓴맛, 떨어지는 맛)
발생 여름~가을, 넓은잎나무숲(졸참나무, 상수리나무)~혼합림

갓 지름 6~15㎝. 윗면은 연회색~연회갈색이고, 흰색 섬유가루와 방사상 섬유무늬가 있으며, 종종 젖은 물방울무늬가 생긴다. 밑면은 주름살로 되어 있으며, 주름살은 끝붙은형~홈형이고 조금 빽빽하며 흰색에서 점차 살구색이 된다. **자루** 길이 8~18㎝, 굵기 1~2.5㎝. 겉면은 흰색이고, 속이 꽉 차 있다. 밀가루냄새가 난다.

젖은 물방울무늬가 잘 생긴다. 10월 3일

01 어린 버섯. 9월 5일

02 젊은 버섯. 9월 29일

03 늙은 버섯. 9월 5일

04 상세 모습. 9월 12일

외대덧버섯 · 383

붉은꼭지외대버섯 (붉은꼭지버섯)

Entoloma(=Rhodophyllus) quadratum (Berk. & Curt.) E. Horak

외대버섯과 | 식용 불가 | 일반 독성

발생 여름~가을, 소나무숲~혼합림

갓 지름 1~4㎝. 윗면은 붉은색~연붉은색이고, 뾰족한 갓꼭지가 있다. 밑면은 주름살로 되어 있으며, 주름살은 끝붙은형으로 조금 성기고 갓과 같은 붉은색~연붉은색이다. **자루** 길이 3~6㎝, 굵기 2~4㎜. 겉면은 갓과 같은 붉은색~연붉은색이고, 속은 비어 있다.

전체가 붉고 갓꼭지가 있다. 8월 21일

01 젊은 버섯. 9월 15일   **02** 젊은 버섯. 9월 16일

03 다 자란 버섯. 9월 15일   **04** 상세 모습. 8월 21일

노란꼭지외대버섯 (노란꼭지버섯)

Entoloma(=Rhodophyllus) murraii (Berk. & Curt.) Sacc.

외대버섯과 | 식용 불가 | 일반 독성

발생 여름~가을, 넓은잎나무숲~소나무숲

갓 지름 1~6㎝. 윗면은 노란색이고, 늙으면 색이 흐려진다. 밑면은 주름살로 되어 있으며, 주름살은 올린형으로 조금 성기고 어릴 때는 흰색이나 점차 살색이 된다. **자루** 길이 3~10㎝, 굵기 2~4㎜. 겉면은 갓과 같은 노란색이거나 옅은 색이고 섬유무늬가 있으며, 속은 비어 있다.

습하면 우산살모양의 주름이 생긴다. 9월 11일

01 어린 버섯. 8월 7일

02 젊은 버섯. 9월 11일

03 젊은 버섯. 7월 21일

04 상세 모습. 7월 21일

뿌리자갈버섯

Hebeloma radicosum (Bull.) Ricken
소똥버섯과 | 식용(담백한 맛) | 약간 독성

발생 여름~가을, 넓은잎나무숲(참나무, 벚나무)~두더지굴의 배설물 주변

갓 지름 8~15㎝. 윗면은 연황토색~연한 황토갈색이고 때로 황토갈색 섬유비늘이 흩어져 있으며, 습하면 조금 끈적해진다. 갓살은 흰색. 밑면은 주름살로 되어 있으며, 주름살은 끝붙은형이고 빽빽하며 어릴 때 연황토색에서 갈색이 되고 끝이 가루질이다. **자루** 길이 7.5~15.8㎝, 굵기 7~15㎜. 겉면은 흰색이고 황토갈색~갈색 섬유비늘이 있으며, 윗동에 치마모양의 턱받이가 생기는데 흰색에서 갈색으로 변한다. 때로 퀴퀴한 냄새와 아카시아꽃 냄새가 난다.

갓과 자루에 황토갈색 섬유비늘이 있다. 9월 18일

01 젊은 버섯.
9월 18일

02 다 자란 버섯.
9월 18일

03 상세 모습.
9월 18일

노란종버섯

Conocybe lactea (J. Lange) Métrod
소똥버섯과 | 식용 불가 | 일반 독성
발생 여름~가을, 초원~풀밭~잔디밭

갓 지름 3.5~4.5㎝. 윗면은 노란황토색이고, 가장자리는 옅은 색이며, 습하면 우산살모양의 주름이 생긴다. 밑면은 주름살로 되어 있으며, 주름살은 완전붙은형이고 빽빽하며 어릴 때는 크림색이나 점차 갈색이 된다. **자루** 겉면은 흰색이고 비늘가루가 있으며, 속이 비어 있다. ● **주의** 환각성분이 함유된 독버섯이므로 먹어선 안 된다.

습하면 우산살모양의 주름이 생긴다. 5월 28일

01 젊은 버섯.
5월 28일

02 늙은 버섯.
5월 28일

03 상세 모습.
5월 28일

노란소똥버섯

Bolbitius vitellinus (Pers.) Fr.

소똥버섯과 | 식용 불가 | **독성분 여부 미상**

발생 봄~가을, 초원~밭둑~길가~목장

갓 지름 2~5㎝. 윗면은 노란색~노란갈색에서 점차 흰회갈색이 된다. 밑면은 주름살로 되어 있으며, 주름살은 끝붙은형이고 빽빽하며 어릴 때 흰색에서 점차 노란갈색~붉은갈색이 된다. **자루** 길이 6~12㎝, 굵기 2㎜ 내외. 겉면은 흰색~연노란색이고, 흰색 비늘가루가 있으며, 윗동이 좀 더 가늘다.

갓이 노랗고 자루에 비늘가루가 있다. 6월 28일

01 어린 버섯. 6월 28일

02 젊은 버섯. 6월 28일

03 늙은 버섯.
9월 10일

04 상세 모습.
6월 28일

말똥버섯

Panaeolus papilionaceus (Bull.) Quél. var. *papilionaceus*
소똥버섯과 | 식용 불가 | 약용(류머티즘 통증 - 외용약) | 일반 독성
발생 여름~가을, 초원~풀밭~퇴비더미

갓 지름 2~4㎝. 윗면은 회색~회갈색이고, 마르면 연회색이 되며, 한가운데는 갈색이다. 갓살은 갈색. 밑면은 주름살로 되어 있으며, 주름살은 완전붙은형~떨어진형이고 조금 빽빽하며 어릴 때 회색에서 검은색이 되고 가장자리는 흰색을 띤다. **자루** 길이 5~10㎝, 굵기 2~3㎜. 겉면은 연붉은갈색~붉은갈색이고 미세한 비늘가루가 있으며, 속은 점차 비어간다. ● **주의** 환각성 독버섯으로 먹으면 농약 중독과 비슷한 증상이 나타나며, 과거 멕시코 인디언 무당들이 환각제로 사용했을 만큼 독성이 강하므로 절대 먹어선 안 된다.

갓 한가운데가 갈색이다. 9월 17일

01 다 자란 버섯. 9월 17일

02 상세 모습. 9월 17일

말똥버섯아재비

Panaeolus papilionaceus (Bull.) Quél. var. *papilionaceus*
소똥버섯과 | 식용 불가(조금 버터맛) | 일반 독성
발생 여름~가을, 초원~풀밭~잔디밭

갓 지름 1.5~2.5㎝. 윗면은 회갈색~흰회갈색이고, 한가운데는 갈색이며 볼록한 갓꼭지가 있다. 갓살은 갈색. 밑면은 주름살로 되어 있으며, 주름살은 바른형이고 빽빽하며 어릴 때 회색에서 늙으면 검은색이 된다. **자루** 길이 2~8㎝, 굵기 1~3㎜. 겉면은 흰노란색에서 검은갈색이 되고 섬유무늬가 있으며, 속은 비어 있다.

갓꼭지가 잘 생기고 물에 잘 젖는다. 5월 17일

01 어린 버섯. 5월 17일

02 젊은 버섯. 5월 17일

03 다 자란 버섯.
5월 17일

04 상세 모습.
5월 17일

애기밀버섯

Gymnopus confluens (Pers.) Ant., Hall. & Noord.
낙엽버섯과 | 식용(담백한 맛) | 약용(항종양)
발생 여름~가을, 넓은잎나무숲(나도밤나무)~소나무숲

갓 지름 1~3.5㎝. 윗면은 밀껍질색에서 흰밀껍질색이 된다. 밑면은 주름살로 되어 있으며, 주름살은 끝붙은형이고 빽빽하며 흰밀껍질색이다. **자루** 길이 2.5~9㎝, 굵기 1.5~4㎜. 겉면은 밀껍질색에서 점차 갈색이 되고 잔털로 덮여 있으며, 속은 비어 있다.

갓이 밀껍질색에서 점차 허옇게 된다. 6월 29일

01 어린 버섯. 8월 31일 02 젊은 버섯. 6월 29일

03 늙은 버섯. 8월 31일 04 상세 모습. 6월 29일

큰낙엽버섯

Marasmius maximus Hongo

낙엽버섯과 | 식용(담백한 맛) | 약용(항종양)
발생 봄~가을, 넓은잎나무숲~소나무숲~혼합림~대나무밭~초원~풀밭

갓 지름 3~12㎝. 윗면은 허연 낙엽색이고, 한가운데가 갈색이며, 넓은 우산살모양의 주름이 있다. 갓살도 허연 낙엽색이다. 밑면은 주름살로 되어 있으며, 주름살은 끝붙은형~떨어진형이고 성기며 허연 낙엽색이다. **자루** 길이 5~12㎝, 굵기 2~3㎜. 겉면은 허연 낙엽색에서 갈색이 되고, 질긴 섬유질이다. 향긋한 냄새가 있다.

어릴 때는 종모양이다. 8월 29일

01 젊은 버섯.
8월 29일

02 젊은 버섯.
8월 29일

03 다 자란 버섯.
6월 28일

04 늙은 버섯. 8월 29일

05 상세 모습. 8월 29일

자주색줄낙엽버섯

Marasmius purpureostriatus Hongo

낙엽버섯과 | 식용 불가 | 독성분 여부 미상

발생 봄~가을, 넓은잎나무숲~혼합림~초원~풀밭이나 낙엽~나뭇가지

갓 지름 1~2.5㎝의 초소형. 윗면은 흰갈색~연한 살색이고, 넓고 깊은 우산살모양의 주름(자주갈색 줄무늬)이 있다. 밑면은 주름살로 되어 있으며, 주름살은 끝붙은형이고 1~2㎜ 간격으로 성기며 흰노란색이다. **자루** 길이 3.5~11㎝, 굵기 1~2㎜. 겉면은 흰색에서 붉은갈색이 되고 잔털로 덮여 있으며, 밑동은 자주갈색이고 거친 털이 있다.

선명하고 짙은 우산살모양의 주름이 있다. 7월 4일

01 어린 버섯.
7월 4일

02 젊은 버섯.
7월 4일

03 젊은 버섯.
7월 4일

04 젊은 버섯. 7월 4일

05 다 자란 버섯. 7월 4일

06 상세 모습. 7월 4일

애기낙엽버섯

Marasmius siccus (Schw.) Fr.

낙엽버섯과 | 식용 부적합(가죽처럼 질김) | 약용(골절상, 타박상)

발생 여름~가을, 넓은잎나무숲

갓 지름 1~2㎝. 윗면은 연황토색~오렌지색~연붉은색 등 다양하고, 넓은 우산살모양의 주름이 있다. 밑면은 주름살로 되어 있으며, 주름살은 끝붙은형~완전붙은형이고 13~15개로 성기며 흰색이다. **자루** 길이 4~7㎝, 굵기 1㎜. 겉면은 흰색이고, 밑동은 검은갈색이며, 속이 비어 있다.

갓이 작고 자루가 철사처럼 가늘다. 8월 26일

01 어린 버섯. 9월 9일 **02** 젊은 버섯. 8월 26일
03 늙은 버섯. 9월 4일 **04** 상세 모습. 8월 26일

앵두낙엽버섯

Marasmius pulcherripes Peck.

낙엽버섯과 | 식용 불가 | **독성분 여부 미상**

발생 여름~가을, 넓은잎나무숲~소나무숲

갓 지름 5~15㎜의 초소형. 윗면은 앵두색~붉은자주색~분홍갈색이고, 넓은 우산살모양의 주름이 있다. 밑면은 주름살로 되어 있으며, 주름살은 끝붙은형~완전붙은형이고 16~18개로 성기며 흰색~분홍색이다. **자루** 길이 3~6㎝, 굵기 4~8㎜. 겉면은 흰색~흰노란색이고, 밑동은 검은갈색이다.

갓이 아주 작고 앵두색이다. 7월 1일

01 어린 버섯.
7월 10일

02 젊은 버섯.
7월 1일

03 다 자란 버섯. 7월 1일

04 늙은 버섯. 7월 1일

졸각버섯

Laccaria laccata (Scop.) Cooke
졸각버섯과 | 식용(담백한 맛) | 약용(항종양)
발생 여름~가을, 넓은잎나무숲(밤나무, 너도밤나무)~소나무숲~길가

갓 지름 1.5~3.5㎝. 윗면은 오렌지갈색~연오렌지갈색~붉은갈색~노란갈색 등 색이 다양하고, 습하면 가장자리에 짧은 우산살모양의 주름이 생기며 파도처럼 구불구불해진다. 밑면은 주름살로 되어 있으며, 주름살은 끝붙은형이고 성기며 흰노란갈색~연분홍색~분홍갈색이다. **자루** 길이 3~5㎝, 굵기 3~10㎜. 겉면은 갓과 같은 다양한 색이고, 속이 비어 있다.

갓이 오렌지갈색이다. 5월 24일

01 젊은 버섯. 5월 24일 
02 다 자란 버섯. 9월 10일
03 상세 모습. 5월 24일

색시졸각버섯

Laccaria vinaceoavellanea Hongo
졸각버섯과 | 식용(담백한 맛)
발생 여름~가을, 넓은잎나무숲(참나무, 진달래)

갓 지름 3~8㎝. 윗면은 연살구색~연회갈색에서 마르면 허연 갈색이 되고, 한가운데에 깊은 갓우물이 있으며, 전체에 우산살모양의 주름이 있다. 밑면은 주름살로 되어 있으며, 주름살은 끝붙은형이고 성기며 연자주갈색이다. **자루** 길이 3~5㎝, 굵기 3~7㎜. 겉면은 갓과 같은 색이고 섬유무늬가 있으며, 속이 비어 있다.

갓이 마르면 허옇게 된다. 8월 17일

01 어린 버섯.
9월 11일

02 젊은 버섯.
9월 17일

03 젊은 버섯.
8월 17일

04 늙은 버섯. 8월 17일

05 상세 모습. 8월 23일

자주졸각버섯

Laccaria amethystea (Bull.) Murr.

졸각버섯과 | 식용(담백한 맛, 조금 쌉쌀한 뒷맛) | 약용(항종양)
발생 여름~가을, 넓은잎나무숲~소나무숲~잡목림숲~초원~풀밭~길가

갓 지름 1.5~3㎝. 윗면은 맑은 자주색~연자주색~진자주색이고, 한가운데는 갈색이다. 밑면은 주름살로 되어 있으며, 주름살은 끝붙은형이고 성기며 자주색이다. **자루** 길이 2~7㎝, 굵기 2~3㎜. 겉면은 갓과 같은 맑은 자주색~연자주색~진자주색이며, 속이 차 있으나 점차 빈다.

전체가 자주색이다. 7월 12일

01 어린 버섯. 7월 12일   02 젊은 버섯. 9월 1일
03 다 자란 버섯. 8월 9일   04 상세 모습. 8월 25일

족제비눈물버섯

Psathyrella candolleana (Fr.) Maire

눈물버섯과 | 식용 불가(한때 식용으로 잘못 알려짐) | **약간 독성**

발생 여름~가을, 넓은잎나무숲의 나무 그루터기나 근처

갓 지름 2~8㎝. 윗면은 연노란색~연노란갈색이고, 흰색 비늘가루가 있으며, 가장자리에 외피막 조각이 너덜거린다. 갓살은 흰색. 밑면은 주름살로 되어 있으며, 주름살은 끝붙은형이고 빽빽하며 어릴 때 흰색~회색이나 늙으면 자주갈색이 된다. **자루** 길이 2~5㎝, 굵기 2~4㎜. 겉면은 흰색이고 흰색 비늘가루가 있으며, 속이 비어 있다. 윗동에 치마모양의 흰색 턱받이가 생기나 잘 떨어진다. ● **주의** 독버섯으로 위장장애를 일으키고 환각성분이 있는 것으로 밝혀졌으므로 절대 먹어선 안 된다.

갓 가장자리에 외피막 조각이 있다. 6월 5일

01 어린 버섯.
6월 18일

02 젊은 버섯.
6월 18일

03 다 자란 버섯. 6월 18일

04 상세 모습. 6월 5일

큰눈물버섯

Lacrymaria lacrymabunda (Bull.) Pat.
눈물버섯과 | 식용 불가(한때 식용으로 잘못 알려짐, 텁텁하고 쌉쌀한 맛) | **약간 독성**
발생 여름~가을, 혼합림(참나무, 소나무)~초원~풀밭~길가

갓 지름 2~10㎝. 윗면은 갈색~노란갈색에서 어두운 회갈색이 되고, 섬유털비늘이 빽빽하며, 가장자리에 외피막 조각이 너덜거린다. 밑면은 주름살로 되어 있으며, 주름살은 끝붙은형~완전붙은형이고 빽빽하며 진자주갈색이다. **자루** 길이 3~10㎝, 굵기 3~10㎜. 겉면은 갓과 같은 색이고 섬유털비늘로 빽빽이 덮여 있으며, 속은 비어 있다. 윗동에는 치마모양의 흰색 턱받이가 생긴다. ● **주의** 독버섯으로 위장장애를 일으키며, 맛이 텁텁하고 쌉쌀하므로 먹지 않는다.

갓이 섬유털비늘로 덮여 있다. 6월 2일

01 어린 버섯.
6월 2일

02 젊은 버섯.
6월 5일

03 젊은 버섯.
6월 5일

420 · 땅에 나는 버섯

04 다 자란 버섯.
6월 5일

05 늙은 버섯.
11월 7일

06 상세 모습.
6월 2일

큰눈물버섯 · 421

갈색쥐눈물버섯(갈색먹물버섯)

Coprinellus micaceus (Bull.) Vilgalys, Hopple & Johnson
눈물버섯과 | 식용 불가(한때 식용으로 잘못 알려짐, 감칠맛·달달한 맛) | 약간 독성
발생 여름~가을, 넓은잎나무나 그루터기~나무뿌리가 묻힌 땅

갓 지름 1~4㎝. 윗면은 연노란갈색이고, 우산살모양의 주름이 있으며, 어릴 때 비늘가루에 덮여 있다. 늙으면 검은 먹물처럼 녹아내린다. 밑면은 주름살로 되어 있으며, 주름살은 끝붙은형이고 빽빽하며 흰색이 점차 먹물 같은 검은색이 되어 녹아내린다. **자루** 길이 3~8㎝, 굵기 2~4㎜. 겉면이 흰색이고, 속은 비어 있다. ● **주의** 감칠맛과 달달한 맛이 있으나 독성분이 들어 있는 독버섯이므로 먹지 말아야 한다. 술과 함께 먹으면 중독되므로 절대 술안주로 먹거나 음주 전후에 먹어선 안 된다.

갓에 우산살모양의 주름이 있고, 주름살이 먹물처럼 되어 녹아내린다. 5월 7일

01 어린 버섯.
5월 19일

02 어린 버섯.
9월 3일

03 다 자란 버섯.
5월 23일

갈색쥐눈물버섯 · 423

04 늙은 버섯. 8월 29일

05 상세 모습. 5월 19일

고깔쥐눈물버섯 (고깔먹물버섯)

Coprinellus disseminatus (Pers.) J. Lange
눈물버섯과 | 식용 불가(담백한 맛) | 약간 독성
발생 봄~가을, 넓은잎나무 고목~나무 그루터기~죽어서 썩은 나무~나무뿌리가 있는 땅

갓 지름 5~20㎜의 초소형. 윗면은 흰회색에서 흰회갈색이 되고, 선명한 우산살모양의 주름이 있다. 밑면은 주름살로 되어 있으며, 주름살은 끝붙은형이고 성기며 흰색이 점차 검은 먹물처럼 녹아내린다. **자루** 길이 1.5~3.5㎝, 굵기 1~3㎜. 겉면이 흰색이고, 밑동은 연노란색이며 잔털이 있다.

갓이 흰회색이고 우산살모양의 주름이 있다. 7월 18일

01 어린 버섯.
7월 18일

02 젊은 버섯.
7월 18일

03 다 자란 버섯.
7월 18일

소녀흙물버섯 (소녀먹물버섯)

Coprinopsis lagopus (Fr.) Readhead, Vilg. & Monc.
눈물버섯과 | 식용 불가 | **독성분 여부 미상**
발생 여름~가을, 낙엽이나 썩은 나무 주변, 퇴비·짚~죽은 동물이나 소변기 있는 곳

갓 지름 1~4㎝. 윗면은 흰색에서 연갈색이 되었다가 회색이 되며, 빽빽한 흰 갈색 솜털비늘로 덮여 있다가 점차 없어지고 촘촘한 우산살모양의 주름이 생긴다. 밑면은 주름살로 되어 있으며, 주름살은 끝붙은형이고 빽빽하며 회색에서 먹물 같은 검은색이 된다. **자루** 길이 5~8㎝, 굵기 2~3.5㎜. 겉면은 흰색이고 어릴 때 잔털로 덮여 있으며, 속이 비어 있다. ● **주의** 재흙물버섯(재먹물버섯)과 색이나 모양이 비슷해서 혼동하기 쉬운데, 소녀흙물버섯은 낙엽이나 쓰레기장, 퇴비 더미 위에 올라온다는 점이 다르다.

갓에 털이 남아 있다. 5월 27일

01 어린 버섯.
6월 12일

02 젊은 버섯.
6월 5일

03 젊은 버섯.
5월 27일

04 다 자란 버섯.
6월 5일

05 늙은 버섯.
6월 5일

06 상세 모습.
6월 5일

두엄흙물버섯 (두엄먹물버섯)

Coprinopsis atramentaria (Bull.) Readhead, Vilg. & Monc.
눈물버섯과 | 식용 불가(한때 식용으로 잘못 알려짐, 달달한 맛) | 일반 독성
발생 봄~가을, 숲속~정원~공원~밭~길가~노지

갓 지름 5~8㎝. 윗면은 회갈색~회색이고, 우산살모양의 주름이 있다. 밑면은 주름살로 되어 있으며, 주름살은 끝붙은형이고 빽빽하며 흰색에서 점차 검은자주갈색이 되고 검은 먹물처럼 녹아내린다. **자루** 길이 4~10㎝, 굵기 2~4㎜. 겉면은 흰색이고, 속이 비어 있다. ● **주의** 독버섯으로 술과 함께 먹으면 중독되므로 절대 술안주로 먹거나 음주 전후에 먹어선 안 된다.

갓이 회갈색이다. 5월 25일

01 어린 버섯. 5월 25일

02 젊은 버섯. 5월 25일

03 젊은 버섯. 5월 25일

04 상세 모습. 5월 25일

먹물버섯

Coprinus comatus (O. F. Müll.) Pers.

주름버섯과 | 식용(감칠맛) | 약용(위장병, 당뇨, 항종양) | **약간 독성**

발생 봄~가을, 초원~정원~목장~밭둑~풀밭~잔디밭

갓 지름 3~5㎝, 높이 5~10㎝. 어릴 때 긴 알모양에서 원통모양이 되었다가 종모양이 된다. 윗면은 흰색이고, 연회갈색 섬유털이 있으며, 검은 먹물처럼 녹아내린다. 밑면은 주름살로 되어 있으며, 주름살은 끝붙은형~떨어진형이고 빽빽하며 흰색이 점차 검은 먹물처럼 되어 녹아내린다. **자루** 길이 15~25㎝, 굵기 8~15㎜. 겉면은 흰색에 흰색 섬유비늘이 있고 가락지모양의 흰색 턱받이가 생기며, 속이 비어 있다. 향긋한 냄새가 난다. ● **주의** 술과 함께 먹으면 중독되므로 먹고 나서 최소 5일 정도는 술을 마시지 않는 것이 좋다. 특히 먹물이 나온 것은 독성이 강하므로 먹어선 안 된다.

갓에 섬유털이 있으며 먹물처럼 녹아내린다. 7월 6일

01 어린 버섯.
5월 23일

02 어린 버섯.
11월 7일

03 젊은 버섯.
5월 24일

04 다 자란 버섯. 9월 26일

05 늙은 버섯. 11월 4일

06 상세 모습. 5월 26일

434 · 땅에 나는 버섯

테두리방귀버섯

Geastrum fimbriatum Fr.
방귀버섯과 | 식용 부적합(섬유질) | 약용(상처)
발생 여름~가을, 혼합림

전체 지름 1.5~4㎝. **겉껍질** 공모양에서 별모양으로 갈라지고, 연붉은갈색이 점차 진갈색이 되며, 육질이 조금 두툼하다. 겉껍질 안쪽은 살색~연노란갈색이다. **포자주머니** 지름 1.5~2㎝. 공모양으로 흰색에서 점차 어두운 갈색이 되고, 살이 아주 얇은 섬유질이며, 맨 위쪽에 포자구멍이 있다. 포자는 연갈색이다.

겉껍질이 별모양으로 1회 갈라진다. 9월 8일

01 어린 버섯.
8월 8일

02 젊은 버섯.
9월 8일

03 다 자란 버섯.
8월 8일

04 다 자란 버섯.
8월 8일

05 늙은 버섯.
8월 31일

06 상세 모습.
9월 8일

목도리방귀버섯

Geastrum triplex Jungh

방귀버섯과 | 식용 부적합(섬유질, 약간 매운맛) | 약용(후두염, 상처)
발생 여름~가을, 넓은잎나무숲(너도밤나무)~혼합림~잡목숲~목장~공원

전체 지름 1~5㎝. **겉껍질** 꼭지가 달린 공모양에서 별모양으로 갈라지고(때로는 2층으로 갈라짐), 갈색이며, 육질이 조금 두툼하다. 겉껍질 안쪽은 흰크림색~분홍크림색이다. **포자주머니** 지름 5~20㎜. 꼭지가 달린 공모양으로 흰회색에서 회갈색이 되고, 아주 얇은 섬유질이며, 맨 위쪽에 포자구멍이 있다. 포자는 진갈색이다. 썩은 생선냄새가 난다.

포자주머니가 흰회색 공모양이다. 9월 4일

01 젊은 버섯.
9월 4일

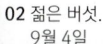

02 젊은 버섯.
9월 4일

03 상세 모습.
9월 4일

먼지버섯

Astraeus hygrometricus (Pers.) Morgan
먼지버섯과 | 식용 부적합(가죽질) | 약용(상처, 동상)
발생 여름~가을, 산길~산비탈~등산로~길가~오솔길~낭떠러지

전체 지름 1~5㎝. **겉껍질** 조금 납작한 공모양에서 별모양으로 갈라지고, 회갈색~검은갈색이며, 두껍고 단단한 가죽질이다. 겉껍질 안쪽은 붉은갈색이며, 점차 흰색~검은색 얼룩무늬가 생긴다. **포자주머니** 지름 1~3㎝의 공모양으로 연회갈색이며, 아주 얇은 섬유질이고, 맨 위쪽에 작은 포자구멍이 있다. 포자는 갈색이다.

겉껍질이 갈라져 꼴뚜기모양이 된다. 3월 22일

01 젊은 버섯.
3월 22일

02 다 자란 버섯.
11월 18일

03 늙은 버섯. 1월 23일

04 늙은 버섯. 2월 9일

말불버섯

Lycoperdon perlatum Pers.
주름버섯과 | 식용(평범한 맛) | 약용(편도선염, 기침)
발생 여름~가을, 넓은잎나무숲~소나무숲~길가~초원~풀밭

머리 지름 2~6㎝, 높이 2~5㎝. **머리** 겉면은 흰색에서 회갈색이 되고, 작은 원뿔모양의 뿔사마귀가 있다. 어릴 때는 머리 속이 꽉 차 있으나, 자라면 솜가루처럼 된다. **자루** 겉면이 흰색이고 팽이모양이며, 속은 해면 같다.

머리가 작은 뿔사마귀로 덮여 있다. 9월 17일

01 어린 버섯.
6월 2일

02 젊은 버섯.
9월 15일

03 다 자란 버섯.
7월 14일

04 다 자란 버섯.
7월 1일

05 다 자란 버섯.
7월 26일

06 상세 모습.
6월 30일

좀말불버섯

Lycoperdon pyriforme Schaeff.
주름버섯과 | 식용(평범한 맛) | 약용(상처, 외용)
발생 여름~가을, 숲속 썩은 나무토막~썩은 나뭇가지~낙엽

머리 지름 1.5~5㎝, 높이 2.5~5㎝. **머리** 겉면은 흰색에서 올리브갈색이 되고, 비늘가루나 좀사마귀(나중에 떨어짐)가 있다. 머리 속은 어릴 때 꽉 차 있고, 자라면 점차 포자가 익어서 솜가루처럼 된다. **자루** 흰색이고 팽이모양이며, 겉면은 흰색이고 속은 해면 같다.

주로 죽은 나무토막 위에 올라온다. 10월 15일

01 어린 버섯. 10월 15일

02 다 자란 버섯. 3월 30일

03 늙은 버섯. 3월 26일

04 늙은 버섯. 3월 6일

말징버섯

Calvatia craniiformis (Schw.) Fr.

주름버섯과 | 식용(감칠맛, 담백한 맛) | 약용(기관지염, 편도선염, 위출혈, 기침감기, 상처)
발생 여름~가을, 소나무숲~넓은잎나무숲의 땅 위나 낙엽 위

머리 지름 4~10㎝, 높이 3~5㎝. **머리** 겉면은 연노란갈색~갈색~회갈색이고 밋밋하며, 머리 살이 흰색이다. 머리 속은 어릴 때 꽉 차 있고 점차 노란갈색 액즙이 나오며 나중에는 솜가루모양이 된다. **자루** 길이 3~5㎝. 겉면은 머리 겉면과 같은 연노란갈색~갈색~회갈색이고, 속은 해면 같다. 머리에서 액즙이 나올 때 악취가 난다.

머리가 밋밋하고 자루가 짧다. 7월 9일

01 어린 버섯. 7월 9일

02 젊은 버섯. 7월 9일

03 다 자란 버섯. 8월 24일

04 상세 모습. 8월 24일

찹쌀떡버섯

Bovista plumbea Pers.

주름버섯과 | 식용 불가 | 약용(상처 외용약)

발생 여름~가을, 숲속~초원~목장~잔디밭~풀밭

머리 지름 2~4㎝. 겉면은 어릴 때 흰색이며, 털비늘로 덮여 있다가 떨어져나가고, 점차 노란갈색에서 진자주갈색이 되며, 위쪽에 포자구멍이 생긴다. 속은 흰색이고 꽉 차 있으며, 육질이 두툼하나 점차 갈색 솜가루처럼 되어 포자주머니가 된다. **자루** 팽이모양으로 붙어 있다. 자라면서 형태가 거의 없어진다.

찹쌀떡모양이다. 9월 17일

01 어린 버섯. 9월 14일

02 어린 버섯. 9월 14일

03 상세 모습.
9월 17일

04 상세 모습.
9월 14일

연지버섯

Calostoma japonicum Henn.
연지버섯과 | 식용 부적합(포자 가루)
발생 여름~가을, 습한 숲길~무너진 경사지~맨땅~이끼

머리 지름 5~10㎜, 높이 2~3㎝의 초소형. **머리** 겉면이 오렌지갈색이고, 흰 갈색 비늘로 덮여 있으며, 다 자라면 별모양의 연지색 돌기와 포자구멍이 생긴다. 속은 흰색이고 꽉 차 있으며 육질이 두툼하나 점차 갈색 솜가루처럼 되어 포자주머니가 된다. **자루** 머리와 같은 오렌지갈색이고, 아교질의 굵은 실다발모양이다.

머리에 연지색 돌기가 생겼다. 9월 12일

01 젊은 버섯.
9월 11일

02 젊은 버섯.
8월 30일

03 상세 모습.
8월 30일

말뚝버섯

Phallus impudicus L. var. *impudicus*
말뚝버섯과 | 식용(담백한 맛) | 약용(통증, 항종양)
발생 여름~가을, 넓은잎나무숲~소나무숲~혼합림

어릴 때는 지름 4~6㎝의 알모양. **갓** 지름 3.5~5㎝. 곰보무늬의 종모양이고 흰색~흰노란색이며, 올리브검은색 점액으로 덮여 있어서 냄새가 고약하다. **자루** 길이 5.5~10㎝, 굵기 2.2~3.7㎝. 겉면은 흰색이고 얕은 곰보무늬가 있으며, 속은 해면질이고 비어 있다. 밑동에는 큰 자루주머니가 있는데 흰색에서 점차 노란갈색이 된다.

갓에 곰보무늬가 있고 자루주머니가 크다. 10월 22일

01 어린 버섯. 9월 19일

02 다 자란 버섯. 9월 15일

03 늙은 버섯. 10월 22일
04 상세 모습. 10월 22일

말뚝버섯 · 455

붉은말뚝버섯

Phallus rugulosus Lloyd

말뚝버섯과 | 식용 불가 | 약용(외용)

발생 늦봄~가을, 넓은잎나무숲~소나무숲~산길~밭~정원~빈터~길가 땅 위나 죽은 나무 그루터기

어릴 때는 흰색 알모양이고 점액질에 싸여 있다. **갓** 지름 1~1.5㎝. 좁고 긴 종모양으로 진한 오렌지색이 되며, 잔주름과 잔사마귀 같은 돌기가 있고, 고약한 냄새의 어두운 갈색 점액으로 덮여 있다. **자루** 길이 10~15㎝. 25㎝까지 자라는 것도 있다. 겉면은 연한 오렌지색이고 옅은 그물무늬가 있으며, 속은 부드러운 해면질이고 비어 있다. 밑동은 흰색이고 자루주머니가 있다.

갓과 자루가 오렌지색이다. 8월 17일

01 젊은 버섯. 8월 21일   02 다 자란 버섯. 6월 5일
03 늙은 버섯. 5월 21일   04 상세 모습. 8월 17일

붉은말뚝버섯

망태말뚝버섯 (망태버섯)

Phallus indusiatus Vent.

말뚝버섯과 | 식용(담백한 맛, 조금 쌉쌀한 뒷맛) | 약용(소염, 면역력 증강, 항종양)

발생 여름~가을, 대나무숲~넓은잎나무숲

어릴 때는 지름 3~5㎝의 알모양이고, 물체에 닿으면 푸른자주색으로 변한다. **갓** 지름 2.5~4㎝. 곰보무늬의 둥근 종모양이고, 흰색~흰노란색이며, 불쾌하고 달콤한 냄새가 나는 검푸른녹색 점액으로 덮여 있다. **자루** 길이 15~18㎝, 굵기 2~3㎝. 겉면은 흰색이고 옅은 곰보무늬가 있으며, 속은 부드러운 해면질이고 비어 있다. 머리 바로 밑에 길이 9~10㎝, 폭 10~21㎝의 흰색 대형 망태치마가 생긴다.

흰색 망태치마가 달린다. 8월 31일

01 어린 버섯. 8월 23일

02 젊은 버섯. 8월 7일

03 다 자란 버섯.
8월 31일

04 상세 모습.
9월 1일

노란망태버섯 (분홍망태버섯)

Dictyophora indusiata f. *lutea* (Liou & Hwang) Kobay.
말뚝버섯과 | 식용(담백한 맛) | **약간 독성**

발생 여름~가을, 넓은잎나무숲(아카시아나무)~혼합림~묘목장~풀밭~잔디밭

어릴 때는 지름 3.2~4.5㎝의 알모양이다. **갓** 흰색~흰노란색이고, 곰보무늬의 둥근 종모양이며, 조금 불쾌하고 달콤한 냄새의 짙은 녹갈색 점액으로 덮인다. **자루** 길이 12~17.5㎝, 굵기 1.5~2.8㎝. 겉면은 흰색~흰노란색이고 옅은 곰보무늬가 있으며, 속은 부드러운 해면질이고 비어 있다. 갓 바로 밑에는 폭 10㎝ 이상의 중대형 노란색 망태치마가 달리고, 밑동에는 큰 자루주머니가 있다.

노란 망태치마가 달린다. 8월 1일

01 어린 버섯. 9월 7일　　02 젊은 버섯. 7월 29일

03 다 자란 버섯. 8월 1일　　04 상세 모습. 7월 29일

노란망태버섯 · 461

가는꼴망태버섯

Ileodictyon gracile Berk.

말뚝버섯과 | 식용 불가 | **독성분 여부 미상**

발생 여름, 넓은잎나무숲(참나무, 졸참나무)~소나무숲의 낙엽 있는 땅

어릴 때는 지름 3~4㎝의 알모양이다. **몸체** 지름 2~4㎝. 다각형 뼈대로 이루어진 상자모양이고, 올리브갈색 점액으로 덮여 있다. **가지** 흰색이고, 안쪽이 썩은 과일냄새 또는 불쾌한 치즈냄새가 나는 올리브갈색 점액으로 덮여 있다.

몸체가 다각형 뼈대로 이루어진 상자모양이다. 7월 4일

01 젊은 버섯.
7월 4일

02 다 자란 버섯.
7월 4일

03 상세 모습.
7월 4일

세발버섯

Pseudocolus schellenbergiae (Sumst.) Johnson
말뚝버섯과 | 식용 불가 | **독성분 여부 미상**
발생 여름~가을, 넓은잎나무숲~소나무숲~혼합림

어릴 때는 지름 1.5~2㎝의 알모양이다. **몸체** 끝이 붙은 3갈래 기둥모양으로 점차 둥글게 벌어진다. 겉면은 오렌지색이며, 안쪽에 썩은 냄새나 배설물 냄새가 나는 검은갈색 점액이 들어 있어 포자와 함께 흘러나온다. 속은 해면질이고 비어 있다. 밑동은 흰색이다.

끝이 붙은 게발모양으로 올라온다. 7월 14일

01 어린 버섯.
5월 28일

02 젊은 버섯.
5월 25일

03 다 자란 버섯. 8월 19일

04 상세 모습. 5월 25일

붉은사슴뿔버섯

Podostroma cornu-damae (Pat.) Boed.
점버섯과 | 식용 절대 불가 | 맹독성
발생 여름~가을, 산림 속 썩은 나무 그루터기나 땅 위

전체 길이 1~8㎝, 굵기 7~14㎜. 끝이 무딘 긴 뿔모양~사슴뿔모양이고, 밑동이 조금 뾰족하다. **겉면** 붉은색~붉은오렌지색이고, 위쪽에 자낭각(알갱이 모양의 포자주머니)이 있어 울퉁불퉁하며, 살이 단단한 연골질이다. ● **주의** 작은 조각만 먹어도 중독되어 사망할 만큼 치명적인 맹독성 버섯이며, 즙이나 포자가루에 닿기만 해도 증상을 일으키므로 만지거나 가까이 하지 않는다.

붉은색 무딘 뿔모양이다. 9월 14일

01 젊은 버섯. 9월 14일

02 젊은 버섯. 9월 14일

03 젊은 버섯. 9월 14일

04 상세 모습. 9월 14일

방망이싸리버섯

Clavariadelphus pistillaris (L.) Donk

방망이싸리버섯과 | 식용(담백한 맛, 조금 쌉쌀한 뒷맛) | 약용(상처) | 약간 독성
발생 가을, 넓은잎나무숲(너도밤나무, 참나무)의 낙엽 있는 땅~비료가 뿌려진 땅

전체 높이 5~15㎝, 지름 1~3㎝. 높이가 30㎝까지 자라는 것도 있다. 방망이 모양이고, 깊은 세로주름이 있으며, 살색~연황토색이나 물체에 닿으면 자주갈색으로 변한다. 살은 흰색으로 어릴 때는 단단하나 점차 해면질이 되며, 상처가 나면 자주갈색으로 변한다.

살색 방망이모양이다. 9월 19일

01 어린 버섯. 9월 19일

02 젊은 버섯. 9월 19일

03 다 자란 버섯. 9월 19일

04 상세 모습. 9월 19일

싸리버섯

Ramaria botrytis (Pers.) Ricken

나팔버섯과 | 식용(담백한 맛, 닭고기맛, 조금 쌉쌀한 맛) | 약용(성인병, 항종양) | 약간 독성
발생 가을, 산속 움푹한 곳에 있는 넓은잎나무숲~소나무숲

전체 높이 7~18㎝, 지름 6~20㎝. 빽빽한 산호모양이다. **자루** 길이 3~5㎝. 짧고 굵으며 흰색이다. 가지는 짧고 반복해서 2갈래로 갈라지며, 끝이 뭉툭하다. 어릴 때 흰붉은색이나 점차 노란갈색이 되며, 가지 끝은 연붉은색~연자주색이다. 살은 흰색이다.

자라면 노란갈색이 된다. 9월 1일

01 어린 버섯. 9월 2일

02 어린 버섯. 9월 2일

03 젊은 버섯.
9월 6일

04 상세 모습.
8월 31일

싸리버섯 · 471

붉은싸리버섯

Ramaria formosa (Pers.) Quél.

나팔버섯과 | 식용 부적합(쓴맛, 신맛) | 약용(항종양) | **약간 독성**
발생 여름~가을, 넓은잎나무숲~혼합림

높이 5~20㎝, 지름 10~20㎝의 산호모양. **자루** 흰색에서 흰붉은색이 된다. 가지는 2~3갈래로 반복해서 갈라지고, 붉은색에서 점차 복숭아색이 되며, 상처가 붉은갈색으로 변한다. 가지 끝은 갈색이고, 살은 흰분홍색이다. ● **주의** 종양을 억제하는 효능이 있고 일부에서 식용하기도 하나 약간 독성이 있어 날로 먹거나 물에 우려내지 않고 먹거나 과식하면 구토, 복통, 설사를 일으키며, 육질이 퍽퍽하고 쓴맛과 신맛이 있으므로 먹지 않는 것이 좋다.

어릴 때는 붉은색이다. 9월 20일

01 젊은 버섯.
9월 16일

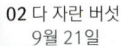

02 다 자란 버섯.
9월 21일

03 늙은 버섯.
9월 5일

노랑싸리버섯

Ramaria flava (Schaeff.) Quél.
나팔버섯과 | 식용 불가(약간 쓴맛) | 일반 독성
발생 여름~가을, 넓은잎나무숲(너도밤나무)~소나무숲

높이 10~20㎝, 지름 7~15㎝의 산호모양이다. **자루** 높이 1~5.5㎝. 흰색이나 손으로 만지면 갈색으로 변한다. 가지는 반복해서 2갈래로 갈라지며, 윗동의 가지는 가늘고 노란색~연노란색이나 가지 끝은 노란색에서 황토색이 된다. 살은 흰색이다. ● **주의** 약간 독성이 있어 날로 먹거나 물에 우려내지 않고 먹거나 과식하면 구토, 복통, 설사를 일으키므로 먹지 않는다.

가지가 흰노란색~연노란색이다. 8월 1일

01 어린 버섯. 9월 2일

02 젊은 버섯. 9월 23일

03 젊은 버섯. 8월 25일

04 상세 모습. 8월 25일

다박싸리버섯

Ramaria flaccida (Fr.) Bourd.

나팔버섯과 | 식용 불가(조금 매운맛) | 일반 독성

발생 여름~가을, 소나무숲~넓은잎나무숲

높이 3~10㎝, 지름 3~4㎝. 가지가 위로 서 있는 산호모양이다. **자루** 길이 1.5~3㎝. 밑동은 흰색이고, 윗동은 노란색이다. 가지는 끝이 1~3갈래로 갈라지고, 연노란회색~붉은갈색에서 갈색~분홍갈색이 되며, 끝이 더 연한 색이다. 살은 흰색이다. ● **주의** 독성이 있어 날로 먹거나 물에 우려내지 않고 먹거나 과식하면 구토, 복통, 설사를 일으키므로 먹지 않는다.

가지가 많다. 9월 6일

01 젊은 버섯. 9월 16일 02 젊은 버섯. 8월 22일

03 다 자란 버섯.
8월 8일

04 상세 모습.
8월 8일

다박싸리버섯 · 477

볏싸리버섯

Clavulina coralloides (L.) Schroet.
볏싸리버섯과 | 식용(조금 매운맛) | 약간 독성
발생 여름~가을, 넓은잎나무숲~소나무숲

높이 2~10㎝, 지름 3~10㎝의 산호모양이다. **자루** 길이 3~5㎝, 지름 5㎜. 흰색이다. 가지는 지름 2~5㎜로 불규칙하게 반복해서 갈라지고, 흰색에서 분홍갈색~연회갈색이 되며, 끝이 볏(닭벼슬)모양이고 연노란색이다.

전체가 흰색이다. 9월 2일

상세 모습. 8월 21일

깃싸리버섯

Pterula multifida E. P. Fr. ex Fr.

깃싸리버섯과 | 식용 불가(연질) | **독성분 여부 미상**

발생 여름~가을, 소나무숲~넓은잎나무숲의 고목 그루터기~나무뿌리가 묻힌 축축한 땅~낙엽

높이 2~6cm. 빽빽한 싸리빗자루 모양이다. **자루** 가늘고 흰회갈색이다. 가지는 지름 0.5~2mm로 가늘고 끝이 뾰족하며, 연노란갈색에서 회보라갈색이 되는데 끝은 갈색이다. 살은 억세고 단단한 연골질이며, 톡 쏘는 나프탈렌냄새가 난다. 포자는 타원형이고 색이 없다.

가지가 가늘고 깃털 같다. 9월 24일

01 젊은 버섯.
8월 27일

02 젊은 버섯.
7월 17일

03 다 자란 버섯. 9월 24일　　　**04** 상세 모습. 9월 11일

깃싸리버섯 · 481

좀나무싸리버섯

Clavicorona pyxidata (Pers.) Doty

솔방울털버섯과 | 식용(조금 매운맛) | 약용(항균)

발생 여름~가을, 넓은잎나무숲이나 소나무숲의 고목~죽은 나무 그루터기~표고버섯을 재배한 폐목

높이 5~12㎝, 지름 2~6㎝의 산호모양이다. **자루** 높이 1~3㎜. 흰색~흰분홍갈색이며 부드럽다. 가지는 흰크림색에서 연노란갈색~연분홍갈색이 되고, 여러 갈래로 갈라져 끝이 삼각받침대 모양으로 벌어진다. 살은 흰색이고 조금 질기며, 때로 생감자냄새가 난다.

나무 위에 자라는 싸리버섯이다. 6월 13일

01 어린 버섯. 8월 26일   02 젊은 버섯. 6월 12일

03 젊은 버섯. 8월 23일   04 상세 모습. 6월 13일

좀나무싸리버섯 · 483

단풍사마귀버섯

Thelephora palmata (Scop.) Fr.
사마귀버섯과 | 식용 부적합(가죽질) | 독성분 여부 미상
발생 늦여름~가을, 소나무숲~넓은잎나무숲~혼합림

높이 2~7cm, 지름 1~5cm. 빙 둘러서 가지가 나온 산호모양이다. **자루** 길이 1~1.5cm, 지름 1~2mm. 가지가 불규칙하게 반복해서 갈라진다. 가지는 납작한 단풍잎모양이고, 겉면이 어두운 자주색~어두운 붉은갈색이며, 가장자리에 흰 줄무늬와 잔털이 있다. 마르면 밤갈색이 된다. 살은 얇고 연한 가죽질이며 마늘냄새가 난다.

가지가 단풍잎모양이다. 8월 29일

01 어린 버섯. 8월 10일

02 젊은 버섯. 9월 9일

03 늙은 버섯.
7월 28일

04 상세 모습.
9월 9일

까치버섯

Polyozellus multiplex (Underw.) Murr.
사마귀버섯과 | 식용(감칠맛) | 약용(항종양, 혈관질환)
발생 늦여름~가을, 바늘잎나무숲(소나무, 전나무, 가문비나무)

높이 6~12㎝, 지름 10~30㎝의 꽃양배추 모양. **갓** 지름 6~7㎝. 편평하고 가장자리가 물결처럼 된다. 윗면은 까치색(검푸른색)~검은자주색이고, 갓살은 얇고 질기며 미역냄새가 난다. 밑면은 내린형이고 푸른회색이며 흰 비늘가루가 있다. **자루** 길이 2~5㎝, 지름 5~20㎜. 속이 차거나 비어 있고, 가지가 여러 개로 갈라진다.

검푸른 꽃양배추 모양이다. 9월 18일

01 다 자란 버섯. 10월 12일   02 늙은 버섯. 10월 9일

03 상세 모습. 9월 18일

긴대안장버섯

Helvella elastica Bull.

안장버섯과 | 식용 불가 | 약용(과거 기침 가래에 사용) | 일반 독성

발생 여름~가을, 소나무숲~넓은잎나무숲~썩은 고목

전체 길이 4~10㎝. **갓** 지름 1~5㎝. 안장모양이며, 잿빛갈색~연노란갈색이다. **자루** 길이 2~6㎝, 굵기 5~10㎜. 겉면은 흰크림색이고, 때로는 잔털이 있으며, 윗동으로 갈수록 가늘어진다. ●**주의** 과거에 기침 가래약으로 쓰였으나 적혈구를 파괴하는 독과 발암물질이 함유된 것으로 밝혀졌으며, 위장장애를 일으키므로 먹어선 안 된다.

머리가 갈색 안장모양이다. 8월 17일

01 어린 버섯. 9월 1일

02 젊은 버섯. 8월 18일

03 다 자란 버섯. 8월 17일

04 상세 모습. 9월 1일

석이

Umbilicaria esculenta

석이과 | 식용(담백한 맛) | 약용(항종양, 성인병) | 약간 독성
발생 해발 700m 이상 되는 깊고 높은 산의 산등성이나 기슭의 절벽~너덜바위~큰 바위

지름 5~12㎝. 둥그스름한 잎모양으로 손바닥만큼 자라는 것도 있다. **윗면** 젖으면 올리브녹색이고 마르면 회갈색이 되며, 겨울에는 검은갈색이 된다. **밑면** 검은갈색이고, 알갱이모양의 돌기가 있으며, 짧은 헛뿌리가 빽빽하다. 살은 아주 얇고 질기며, 젖으면 연해지고 마르면 잘 부서진다.

깊은 산 바위나 절벽에 붙어 자란다. 1월 15일

01 군락지. 6월 8일

02 군락지. 8월 30일

03 서식지.
9월 20일

04 상세 모습.
9월 22일

나무에 나는 버섯

느타리

Pleurotus ostreatus (Jacq.) P. Kumm.
느타리과 | 식용(담백한 맛) | 약용(항종양, 성인병)
발생 가을~봄, 넓은잎나무(주로)나 소나무 고목~나무 그루터기~통나무

갓 지름 5~15㎝. 윗면은 검은갈색~푸른회색에서 점차 회색~회갈색이 되며, 갓살은 흰색이고 향긋한 냄새가 난다. 밑면은 주름살로 되어 있으며, 주름살은 내린형으로 조금 빽빽하고 흰색~회색이다. **자루** 길이 1~4㎝, 굵기 7~18㎜. 갓 한쪽에 치우쳐 달린다. 겉면은 흰색이고, 밑동이 잔털모양의 균사로 덮여 있다.

자라면 회갈색이 된다. 10월 13일

01 젊은 버섯. 10월 13일

02 다 자란 버섯. 9월 15일

03 늙은 버섯. 3월 5일

04 상세 모습. 9월 15일

산느타리

Pleurotus pulmonarius (Fr.) Quél.
느타리과 | 식용(담백한 맛) | 약용(항종양)
발생 봄~가을, 넓은잎나무 고목~나무 그루터기~통나무

갓 지름 2~8㎝. 윗면은 흰색~연회갈색에서 점차 연노란색이 되고 늙으면 노란갈색이 된다. 갓살은 흰색이고 밀가루냄새가 난다. 밑면은 주름살로 되어 있으며, 주름살은 내린형으로 조금 빽빽하거나 조금 성기며 흰색에서 크림색~연노란색이 된다. **자루** 길이 5~15㎜, 굵기 4~7㎜. 갓 한쪽에 치우쳐 있거나 때로는 없으며, 겉면이 흰색이다.

갓이 흰색~연회갈색에서 연노란색이 된다. 8월 29일

01 다 자란 버섯.
8월 29일

02 늙은 버섯.
3월 30일

03 늙은 버섯. 3월 30일

04 상세 모습. 8월 29일

귀느타리 <small>(노란귀느타리)</small>

Phyllotopsis nidulans (Pers.) Sing.
느타리과 | 식용 가능하나 부적합(질기고 악취)
발생 가을~겨울, 넓은잎나무~소나무~죽은 나무 그루터기~통나무

갓 지름 1~8㎝. 자루가 없이 나무에 옆으로 붙거나 주름살이 보이게 거꾸로 붙는다. **윗면** 노란색~노란주황색이나 마르면 흰갈색이 되고 흰 잔털이 빽빽하며, 갓살은 연노란색이고 하수구냄새나 퀴퀴한 냄새가 난다. **밑면** 주름살로 되어 있으며, 주름살은 내린형이고 조금 빽빽하거나 조금 성기며 노란색에서 점차 노란주황색이 되고 늙으면 주황갈색이 된다.

나무에 옆으로 붙거나 거꾸로 붙는다. 3월 25일

01 어린 버섯. 12월 5일
02 어린 버섯. 12월 5일

03 젊은 버섯. 12월 5일

04 다 자란 버섯. 3월 24일

표고

Lentinula edodes (Berk.) Pegler
낙엽버섯과 | 식용(감칠맛, 달달한 맛) | 약용(중풍, 심장병)
발생 봄~겨울, 쓰러진 넓은잎나무(졸참, 신갈, 상수리, 밤나무, 너도밤나무 등) 그루터기~통나무

갓 지름 4~10㎝. 20㎝까지 자라는 것도 있다. 윗면은 연갈색~검은갈색이고, 진갈색 섬유비늘이 있으며, 때로는 깊게 갈라진다. 추울 때 나는 것은 색이 짙다. 밑면은 주름살로 되어 있으며, 주름살은 홈형~끝붙은형으로 빽빽하고 끝이 톱니모양이며 흰색이다. **자루** 길이 3~8㎝, 굵기 6~12㎜. 나무에 옆으로 치우쳐 달리기도 한다. 겉면은 흰색~흰갈색이고 비늘가루가 있으며, 속은 꽉 차 있다. 윗동에 불완전한 모양의 턱받이가 생기나 곧 떨어져나간다.
※ 자연산 표고는 추울 때 나는 것과 더울 때 나는 것이 색이 많이 다르기 때문에 사진을 생장 단계가 아닌 계절로 구분해 놓았다.
거북이등처럼 갈라지기도 한다. 2월 15일

01 봄.
4월 10일

02 봄.
5월 13일

03 가을.
9월 27일

04 가을.
9월 20일

05 겨울.
12월 27일

06 상세 모습.
4월 29일

하얀마른가지버섯 _(하얀선녀버섯)

Marasmiellus candidus (Bolt.) Sing.
낙엽버섯과 | 식용 불가 | **독성분 여부 미상**
발생 여름~가을, 혼합림(소나무, 넓은잎나무)의 고목 줄기~나뭇가지~낙엽

갓 지름 6~22㎜의 초소형. 윗면이 흰색이다. 밑면은 주름살로 되어 있으며, 주름살이 불규칙한 연결맥모양이고 성기며 흰색이다. **자루** 길이 6~22㎜, 굵기 1~2㎜. 겉면은 흰색이고, 밑동은 어두운 갈색이다.

갓이 희고 얇은 막질이다. 7월 13일

01 다 자란 버섯.
7월 13일

02 다 자란 버섯.
7월 13일

03 다 자란 버섯.
7월 13일

노루궁뎅이

Hericium erinaceus (Bull.) Pers.

노루궁뎅이과 | 식용(담백한 맛, 조금 달달한 맛) | 약용(위장병, 강정, 치매)

발생 가을~겨울, 높은 산등성이 7~8부 지점의 넓은잎나무(참나무)의 큰 고목이나 썩어가는 고목

전체 지름 5~25㎝. 반원모양이고 길이 1~5㎝의 부드러운 침으로 덮여 있으며, 어릴 때 흰색에서 점차 흰노란색~흰분홍색이 되고 늙으면 연노란갈색이 된다. 살은 흰색이며 부드러운 스펀지 같다.

부드러운 가시침으로 덮여 있다. 10월 8일

01 어린 버섯.
9월 27일

02 어린 버섯.
10월 8일

03 늙은 버섯. 2월 11일

04 상세 모습. 9월 20일

뽕나무버섯

Armillaria mellea (Vahl) P. Kumm.

뽕나무버섯과 | 식용(고소한 맛, 조금 달달한 맛) | 약용(간질, 야맹증) | 약간 독성

발생 여름~가을, 넓은잎나무(뽕나무, 참나무) 고목~그루터기~나뭇가지

갓 지름 3~10㎝. 윗면은 연갈색~연노란갈색이고, 점박이 나이테무늬의 섬유비늘이 있다. 밑면은 주름살로 되어 있으며, 주름살은 내린형이고 조금 성기며 어릴 때는 흰색이나 점차 연갈색이 된다. **자루** 길이 4~15㎝, 굵기 6~20㎜. 겉면은 흰색에서 갈색이 된다. 밑동은 검은갈색이고 섬유결모양이며 흰색 균사덩어리가 붙어 있다. 윗동에는 치마모양의 흰색 턱받이가 생기나 점차 떨어져나간다.

갓에 섬유비늘이 있다. 10월 19일

01 젊은 버섯. 10월 18일

02 다 자란 버섯. 10월 15일

03 다 자란 버섯. 10월 19일

04 상세 모습. 10월 9일

뽕나무버섯 · 509

뽕나무버섯부치

Armillaria tabescens (Scop.) Emel
뽕나무버섯과 | 식용(조금 쌉쌀한 맛) | 약용(간염) | 약간 독성
발생 여름~가을, 넓은잎나무(뽕나무, 참나무) 고목~죽은 나무~그루터기~나무뿌리 근처

갓 지름 3~10㎝. 윗면은 연갈색~연노란갈색이고, 한가운데에 섬유비늘이 있으며, 가장자리에 우산살모양의 주름이 있다. 밑면은 주름살로 되어 있으며, 주름살은 내린형이고 조금 빽빽하며 어릴 때 흰색~흰분홍색이다가 점차 갈색이 된다. **자루** 길이 5~8㎝, 굵기 6~16㎜. 겉면이 갓과 같은 연갈색~연노란갈색이고 섬유무늬가 있으며, 밑동에 검은 균사덩어리가 붙어 있다.

갓 한가운데에 섬유비늘이 있다. 8월 13일

01 어린 버섯.
8월 8일

02 젊은 버섯.
8월 13일

03 젊은 버섯. 8월 17일

04 상세 모습. 8월 15일

팽이버섯 (팽나무버섯)

Flammulina velutipes (Curt.) Sing.

뽕나무버섯과 | 식용(조금 달달한 뒷맛) | 약용(항종양, 위장병)
발생 가을~봄, 넓은잎나무(팽나무, 뽕나무, 버드나무, 감나무 등) 고목~죽은 나무~그루터기

갓 지름 2~5㎝. 8~10㎝까지 자라는 것도 있다. 윗면은 오렌지갈색~노란갈색~밤갈색이고 끈적끈적하며, 갓살은 흰색~흰노란색이다. 밑면은 주름살로 되어 있으며, 주름살은 홈형으로 조금 빽빽하고 흰색~흰노란색이다. **자루** 길이 2~9㎝, 굵기 2~10㎜. 겉면이 노란갈색~진갈색이고, 속은 연골질이다. 윗동은 색이 옅고 짧은 털로 덮여 있으며, 치마모양의 흰색 턱받이가 생기나 잘 떨어져나간다.

갓이 끈적하다. 8월 13일

01 젊은 버섯. 11월 22일

02 다 자란 버섯. 8월 13일

03 다 자란 버섯. 8월 13일

04 상세 모습. 11월 22일

끈적민뿌리버섯 _(끈적긴뿌리버섯)

Oudemansiella mucida (Schrad.) Höhn.
뽕나무버섯과 | 식용(담백한 맛) | 약용(항종양)
발생 여름~가을, 넓은잎나무(참나무, 너도밤나무) 고목~죽은 나무~그루터기

갓 지름 3~8㎝. 윗면은 흰색이며, 한가운데가 연갈색~회갈색이고 끈적끈적하다. 밑면은 주름살로 되어 있으며, 주름살은 내린형~완전붙은형으로 성기고 흰색이다. **자루** 길이 3~10㎝, 굵기 3~10㎜. 겉면이 흰색이고, 속은 연골질이다. 윗동에는 치마모양의 흰색 턱받이가 생기나 잘 떨어져나간다.

갓 한가운데가 연갈색이다. 7월 31일

01 어린 버섯.
9월 10일

02 젊은 버섯.
7월 31일

03 다 자란 버섯.
9월 27일

04 상세 모습. 9월 10일

꽃잎주름버짐버섯 _(꽃잎우단버섯)

Pseudomerulius curtisii (Berk.) Redhead & Ginns

은행잎버섯과 | 식용 불가 | 일반 독성

발생 여름~가을, 소나무 고목~그루터기~통나무~썩은 나무

갓 지름 2~5cm. 15cm까지 자라는 것도 있으며 반원모양~심장모양~부채모양이다. 윗면은 노란색~연노란색이고 늙으면 회갈색이 되며, 갓살은 연노란색이다. 밑면은 주름살로 되어 있으며, 주름살은 내린형으로 옆으로 갈라져 나온 주름이 있고 빽빽하며 쭈글쭈글하고 진노란색이다. 비린내가 난다.

자루 없이 기와모양으로 달린다. 7월 15일

01 늙은 버섯.
7월 16일

02 늙은 버섯.
7월 15일

03 상세 모습.
7월 15일

좀은행잎버섯 (좀우단버섯)

Tapinella atrotomentosa (Batsch) Sutara
은행잎버섯과 | 식용 부적합(매우 쓴맛) | 약용(항종양)
발생 여름~가을, 소나무 고목~밑동~그루터기~썩은 나무~나무뿌리가 있는 땅

갓 지름 5~20㎝. 둥그스름한 모양~조개모양~부채모양이다. 윗면은 붉은갈색~노란갈색이고 어릴 때 벨벳(우단) 같은 털이 있으며, 갓살은 연노란색이다. 밑면은 주름살로 되어 있으며, 주름살은 내린형이고 어릴 때는 크림색이나 점차 노란갈색이 된다. **자루** 길이 3~12㎝, 굵기 1~3㎝. 갓의 조금 옆쪽에 붙는다. 겉면은 벨벳(우단) 같은 검은갈색 털로 빽빽이 덮여 있다.

자루가 벨벳 같은 검은갈색 털로 덮여 있다. 8월 12일

01 어린 버섯. 7월 17일   **02** 젊은 버섯. 8월 12일

03 늙은 버섯.
8월 12일

04 상세 모습.
8월 12일

난버섯

Pluteus cervinus (Schaeff.) P. Kumm.

난버섯과 | 식용 불가(한때 식용으로 잘못 알려짐, 담백한 맛) | 약용(항종양) | **약간 독성**

발생 여름~가을, 넓은잎나무~소나무의 고목~그루터기~나뭇가지~톱밥

갓 지름 5~14㎝. 윗면은 갈색~회갈색~붉은갈색이고 방사상 섬유무늬가 있으며, 갓살은 흰색이다. 밑면은 주름살로 되어 있으며, 주름살은 떨어진형이고 빽빽하며 어릴 때 흰색에서 점차 연붉은색이 된다. **자루** 길이 7~10㎝, 굵기 5~15㎜. 겉면은 흰색~연회갈색이고 섬유비늘이 있으며, 속은 비어 있다. 밑동이 조금 불룩하다. ● **주의** 세르비닌(항종양)을 함유한 약용버섯이기도 하나 환각성 독성분도 있으므로 먹어선 안 된다.

갓에 섬유무늬가 있다. 5월 27일

01 어린 버섯. 6월 12일 02 젊은 버섯. 6월 2일
03 다 자란 버섯. 6월 15일 04 상세 모습. 5월 28일

검은비늘버섯

Pholiota adiposa (Batsch) P. Kumm.
독청버섯과 | 식용(담백한 맛) | 약간 독성
발생 여름~가을, 넓은잎나무 고목~그루터기~죽은 나무~톱밥

갓 지름 3~8㎝. 윗면은 노란갈색이고, 거친 흰색 삼각비늘이 끊긴 나이테모양으로 붙어 있으며, 갓 가장자리가 연노란색이다. 갓살은 흰색~흰노란색. 밑면은 주름살로 되어 있으며, 주름살은 완전붙은형이고 조금 빽빽하며 어릴 때 흰노란색에서 점차 갈색이 된다. **자루** 길이 4~15㎝, 굵기 5~12㎜. 겉면은 연노란갈색이고, 거친 흰노란갈색의 섬유비늘로 층층이 덮여 있으나 점차 떨어지거나 거무스름한 갈색이 된다.

갓과 자루에 비늘이 많다. 8월 1일

01 어린 버섯. 9월 27일

02 젊은 버섯. 11월 7일

03 젊은 버섯.
10월 8일

04 상세 모습.
11월 7일

검은비늘버섯 · 525

미치광이버섯 (솔미치광이버섯)

Gymnopilus liquiritiae (Pers.) P. Karst.
독청버섯과 | 식용 절대 불가(조금 쓴맛) | 일반 독성
발생 여름~가을, 소나무나 전나무나 넓은잎나무의 고목~썩은 나무~그루터기~나뭇가지

갓 지름 1.5~4㎝. 윗면은 노란갈색~연한 오렌지갈색~갈색이고, 갓살은 연노란색~노란갈색이다. 밑면은 주름살로 되어 있으며, 주름살은 완전붙은형~내린형으로 빽빽하고 어릴 때 흰노란색~흰오렌지색이나 점차 노란갈색이 된다. **자루** 길이 2~5㎝, 굵기 2~4㎜. 종종 한쪽으로 조금 비껴서 달린다. 겉면이 연노란오렌지색이나 밑동은 색이 짙고, 속이 비어 있다. 때로 감자냄새가 난다. ● **주의** 환각을 일으키는 독버섯으로 심각한 뇌증상(정신착란 등)을 일으키므로 절대 먹어선 안 된다.

늙으면 가장자리에 가로주름이 잘 생긴다. 6월 10일

01 젊은 버섯. 5월 29일

02 다 자란 버섯. 5월 29일

03 다 자란 버섯. 5월 29일

04 상세 모습. 5월 29일

갈황색미치광이버섯

Gymnopilus junonius (Fr.) Orton

독청버섯과 | 식용 절대 불가(매우 쓴맛) | 일반 독성

발생 여름~가을, 넓은잎나무나 소나무(드물게) 고목~썩은 나무~그루터기

갓 지름 5~15㎝. 18㎝까지 자라는 것도 있다. 윗면은 황색에서 갈황색~오렌지갈색이 되고 미세한 섬유비늘이 있으며, 갓살은 연황색이다. 밑면은 주름살로 되어 있으며, 주름살은 완전붙은형이고 빽빽하며 어릴 때 연황색에서 점차 황갈색이 된다. **자루** 길이 5~10㎝, 굵기 1~2.5㎝. 겉면은 갓과 같거나 옅은 색이며 거친 섬유무늬가 있고, 윗동에 치마모양의 갈색 턱받이가 생기나 잘 떨어져나간다. ● **주의** 환각을 일으키는 독버섯으로 심각한 뇌증상(정신착란 등)을 일으키므로 절대 먹어선 안 된다.

자루에 갈색 턱받이 흔적이 있다. 9월 27일

01 어린 버섯.
9월 27일

02 다 자란 버섯.
9월 27일

03 늙은 버섯.
9월 2일

갈황색미치광이버섯 · 529

04 상세 모습. 9월 2일

노란다발

Hypholoma fasciculare (Huds.) P. Kumm.
독청버섯과 | 식용 절대 불가(매우 쓴맛) | 맹독성
발생 봄~가을, 넓은잎나무나 소나무나 대나무의 고목~썩은 나무~그루터기

갓 지름 2~8㎝. 윗면은 연노란색~연노란녹색이고, 한가운데는 노란갈색이다. 갓살은 노란색. 밑면은 주름살로 되어 있으며, 주름살은 완전붙은형으로 빽빽하고 어릴 때 연노란색에서 점차 노란녹색이 되며 늙으면 녹갈색이 된다. **자루** 길이 5~11㎝, 굵기 3~10㎜. 겉면이 흰노란색~흰노란녹색이고, 밑동은 붉은갈색이다. 강하고 느끼한 냄새가 난다. ● **주의** 치명적인 맹독성 버섯이므로 절대 먹어선 안 된다.

갓모양이 밋밋하다. 9월 4일

01 어린 버섯.
5월 28일

02 젊은 버섯.
8월 12일

03 다 자란 버섯.
9월 8일

04 늙은 버섯. 9월 23일

05 상세 모습. 8월 1일

솔잣버섯 (잣버섯)

Neolentinus lepideus (Fr.) Readhead & Ginns
구멍장이버섯과 | 식용(조금 매운 뒷맛) | 약용(면역력 증강, 항종양) | 약간 독성
발생 여름~초겨울, 소나무 고목~그루터기~통나무~나무토막

갓 지름 5~15㎝. 25㎝까지 자라는 것도 있다. 윗면은 잣색~흰색이고 나이테 모양의 노란갈색 섬유비늘이 있으며, 갓살은 흰색이다. 밑면은 주름살로 되어 있으며, 주름살은 홈형으로 조금 빽빽하고 흰색이다. 주름살 끝은 톱니모양이다. **자루** 길이 2~8㎝, 굵기 1~2㎝. 겉면이 갓과 같은 색이고, 노란갈색 섬유비늘이 층층이 있다. 솔향이 난다.

갓에 섬유비늘이 있다. 6월 11일

01 어린 버섯. 6월 13일

02 어린 버섯. 6월 29일

03 다 자란 버섯.
12월 7일

04 상세 모습.
6월 9일

솔잣버섯 · 535

벌집구멍장이버섯 (벌집버섯)

Polyporus alveolarius (DC.) Bond. & Sing.
구멍장이버섯과 | 식용 부적합(가죽질) | 약용(항종양)
발생 봄~가을, 넓은잎나무(주로 뽕나무) 고목~죽은 나무~그루터기~나무토막~떨어진 나뭇가지

갓 지름 2~6㎝, 두께 2~6㎜의 소형. 둥근 모양~부채모양~콩팥모양이다. 윗면은 노란갈색~오렌지갈색~오렌지색이나 마르면 흰색이고, 부드러운 섬유비늘이 있다. 갓살은 흰색~흰노란색. 밑면은 관구멍으로 되어 있으며, 관구멍은 지름 1~3㎜, 깊이 2~5㎜의 벌집모양이다. **자루** 길이 5~20㎜, 굵기 2~3㎜. 갓 한쪽에 치우쳐 달리거나 옆에 달리고, 자루가 거의 없이 흔적만 있는 것도 있다. 겉면은 흰색~연노란색이다.

갓 밑면이 벌집 같다. 5월 13일

01 어린 버섯. 5월 13일 **02** 젊은 버섯. 5월 29일
03 다 자란 버섯. 5월 29일 **04** 상세 모습. 5월 29일

노란대구멍장이버섯 (노란대겨울우산버섯)

Polyporus varius (Pers.) Fr.
구멍장이버섯과 | 식용 부적합(가죽질) | 약용(중풍마비, 신경통)
발생 여름~가을, 넓은잎나무 고목~죽은 나무~그루터기~나무토막~떨어진 나뭇가지

갓 지름 1~5㎝. 윗면은 연노란색~노란색~노란오렌지색이고 방사상의 섬유무늬가 있으며, 갓살은 흰색이다. 밑면은 관구멍으로 되어 있으며, 관구멍은 내린형이고 지름 1㎜당 4~5개이며 벌집모양이다. **자루** 길이 1~5㎝, 굵기 3~7㎜. 갓 한쪽에 치우쳐 달리거나 옆에 달린다. 겉면은 황토갈색이고, 밑동은 검은갈색이다.

갓에 방사상 섬유무늬가 있다. 8월 19일

01 젊은 버섯.
8월 18일

02 젊은 버섯.
8월 23일

03 늙은 버섯. 8월 29일

04 상세 모습. 8월 29일

간버섯

Pycnoporus cinnabarinus (Jacq.) Karst.
구멍장이버섯과 | 식용 부적합(가죽질~코르크질, 부드럽고 담백한 맛) | 약용(관절염, 항종양)
발생 봄~겨울(한해살이 때로 두해살이), 넓은잎나무나 소나무의 고목~죽은 나무~그루터기

갓 지름 2~13㎝, 두께 5~20㎜. 반달모양~부채모양이다. 윗면은 밝은 오렌지색에서 칙칙한 오렌지색이 되고 퇴색하여 흰회색이 되기도 하며, 미세한 잔털로 덮여 있다. 갓살은 연한 오렌지색. 밑면은 관구멍으로 되어 있으며, 관구멍은 1㎜당 2~3개이고 어두운 붉은색~검붉은색이며 둥근 모양~각진 모양이다.

갓에 고운 잔털이 있다. 11월 7일

01 어린 버섯. 11월 7일

02 젊은 버섯. 11월 7일

03 젊은 버섯.
3월 29일

04 상세 모습.
3월 29일

간버섯 · 541

진홍색간버섯

Pycnoporus coccineus (Fr.) Bond. & Sing.

구멍장이버섯과 | 식용 부적합(가죽질~코르크질, 부드럽고 담백한 맛) | 약용(관절염, 항종양)
발생 봄~겨울, 넓은잎나무나 소나무(드물게)의 고목~죽은 나무~그루터기

갓 지름 3~10㎝, 두께 3~7㎜. 간모양~반달모양~둥근모양이다. 윗면은 오렌지홍색에서 진홍색이 되고 탈색되어 연홍색이 되며, 붉은색~흰색~회색 솜털의 나이테무늬와 홈이 있다. 갓살은 홍색. 밑면은 관구멍으로 되어 있으며, 관구멍은 1㎜당 6~8개로 선명한 홍색이나 늙으면 회백색이 되며 추울 때 나는 것이 조금 크고 모양이 둥글다.

갓이 선명한 홍색이고 줄무늬가 있다. 7월 23일

01 젊은 버섯. 7월 23일

02 젊은 버섯. 12월 22일

03 다 자란 버섯.
3월 29일

04 상세 모습.
8월 30일

진홍색간버섯 · 543

삼색도장버섯

Daedaleopsis tricolor (Bull.) Bondartsev & Singer
구멍장이버섯과 | 식용 부적합(코르크질) | 약용(항종양, 면역력 강화)
발생 봄~겨울, 넓은잎나무(참나무, 벚나무, 오리나무, 느티나무 등) 고목~버섯 재배목~통나무

갓 지름 2~8㎝, 두께 5~8㎜. 반달모양~부채모양~조개모양이고, 방사상의 가는 주름이 있다. 윗면은 회색 계열과 갈색과 자주색 계열의 3색 나이테무늬가 있고, 갓살은 흰회색이다. 밑면은 톱니모양의 주름살로 되어 있으며, 어릴 때 흰회색에서 회갈색이 되고 늙으면 검은색이 된다.

3색 줄무늬가 있다. 3월 22일

01 젊은 버섯. 3월 6일

02 다 자란 버섯. 3월 18일

삼색도장버섯 · 545

03 다 자란 버섯. 3월 24일

04 상세 모습. 8월 19일

조개껍질버섯

Lenzites betulina (L.) Fr.

구멍장이버섯과 | 식용 부적합(가죽질, 구수한 맛) | 약용(항종양, 중풍마비, 신경통) | **약간 독성**
발생 봄~겨울, 넓은잎나무나 소나무 고목~죽은 나무~그루터기~통나무~떨어진 나뭇가지

갓 지름 2~10㎝, 두께 5~10㎜. 반달모양~조개모양이다. **윗면** 노란회색~회갈색~흰회색의 좁은 나이테무늬가 있고, 짧고 거친 털로 덮여 있다. 갓살은 흰색이나 겉껍질 바로 아래 속살은 검은색이며, 얇고 질긴 가죽질이다. **밑면** 길고 짧은 주름살로 되어 있으며, 주름살은 조금 빽빽하거나 조금 성기고 흰색~흰노란색~회색이다.

갓이 짧고 거친 털로 덮여 있다. 12월 22일

01 젊은 버섯.
8월 25일

02 다 자란 버섯.
3월 29일

03 늙은 버섯.
3월 22일

04 상세 모습. 8월 25일

때죽조개껍질버섯 (때죽도장버섯)

Lenzites styracina (Henn. & Shirai) Lloyd
구멍장이버섯과 | 식용 불가 | **독성분 여부 미상**
발생 봄~겨울, 넓은잎나무(때죽나무 등) 고목

갓 지름 2~4cm, 두께 2~3mm. 어릴 때 밑면이 뒤집혀 자라며, 여러 개가 붙어 자라기도 한다. **윗면** 검은갈색~붉은갈색의 좁은 나이테무늬가 있고, 갓살은 흰갈색으로 아주 얇고 단단한 가죽질이다. **밑면** 미로모양의 주름살로 되어 있으며, 주름살은 매우 성기고 흰크림색~흰회색이다.

갓에 붉은갈색 나이테무늬가 있다. 3월 20일

01 어린 버섯. 12월 10일

02 어린 버섯. 12월 10일

03 어린 버섯. 12월 10일

04 다 자란 버섯. 3월 20일

메꽃버섯부치

Microporus vernicipes (Berk.) Kuntze
구멍장이버섯과 | 식용 부적합(가죽질) | 약용(항종양)
발생 봄~겨울, 소나무나 넓은잎나무(서어나무 등) 고목~죽은 나무~그루터기

갓 지름 3~7㎝, 두께 2~3.5㎜. 부채모양~콩팥모양~둥그스름한 모양이고, 윗면에 흰노란색~밤갈색 옅은 나이테무늬가 있다. 밑면은 관구멍으로 되어 있으며, 관구멍은 1㎜당 6~7개이고 둥근 모양이며 흰노란색이다. **자루** 길이 5~20㎜, 굵기 2~4㎜. 갓 옆에 나거나 한가운데를 벗어나서 달린다. 겉면은 노란갈색이고, 밑동이 빨판모양이며, 속은 비어 있다.

갓에 희미하게 나이테무늬가 있다. 8월 15일

01 다 자란 버섯. 9월 11일

02 다 자란 버섯. 7월 20일

03 늙은 버섯. 8월 22일   **04** 상세모습. 8월 31일

554 · 나무에 나는 버섯

아까시흰구멍버섯 (아까시재목버섯)

Perenniporia fraxinea (Bull.) Ryv.

구멍장이버섯과 | 식용 부적합(코르크질, 조금 시큼하고 떫은 맛과 조금 쌉쌀한 뒷맛) | 약용(항종양, 면역력 증강)

발생 봄~겨울(한해살이~여러해살이), 넓은잎나무나 소나무 고목~나무뿌리 근처

갓 지름 5~20㎝. 반달모양~부채모양이다. **윗면** 어릴 때 흰노란색에서 점차 가장자리가 흰노란색~연노란색~노란색이 되고, 안쪽은 붉은갈색~검은갈색이 되며, 흐리고 진한 나이테무늬가 생긴다. 갓살은 연노란갈색. **밑면** 관구멍으로 되어 있으며, 관구멍은 1㎜당 6~7개이고 흰노란갈색이다.

가장자리가 옅거나 짙은 노란색이다. 8월 26일

01 어린 버섯. 7월 1일
02 젊은 버섯. 8월 25일

556 · 나무에 나는 버섯

03 다 자란 버섯. 8월 26일

04 상세 모습. 2월 19일

시루송편버섯

Trametes orientalis (Yasuda) Imaz.
구멍장이버섯과 | 식용 부적합(코르크질, 조금 달달하고 개운한 뒷맛) | 약용(결핵, 항종양)
발생 봄~가을, 넓은잎나무 고목~죽은 나무~그루터기~통나무

갓 지름 5~15㎝, 두께 5~10㎜. 반달모양~조개껍질모양이다. **윗면** 흰회색~연회색~회갈색이고 방사상 주름과 희미한 나이테무늬가 있으며, 갓살은 흰색이다. **밑면** 관구멍으로 되어 있으며, 관구멍은 1㎜당 2~3개이고 흰색이다.

갓에 흐리게 나이테무늬가 있다. 6월 11일

01 어린 버섯. 3월 24일

02 젊은 버섯. 6월 18일

03 다 자란 버섯. 6월 11일

04 상세 모습. 7월 28일

흰구름송편버섯 (흰구름버섯)

Trametes hirsuta (Wulf.) Lloyd

구멍장이버섯과 | 식용 부적합(코르크질, 조금 쓴맛) | 약용(관절염, 천식, 폐질환, 항종양)
발생 봄~가을(한해살이~여러해살이), 넓은잎나무(참나무, 두릅나무 등) 고목이나 죽은 나무~그루터기~통나무

갓 지름 2~7㎝, 두께 2~8㎜. 반달모양~부채모양이다. **윗면** 크림색~연황토색으로 거칠고 긴 털과 선명한 나이테무늬가 있으며, 갓살은 흰색이고 코르크질이다. **밑면** 관구멍으로 되어 있으며, 관구멍은 1㎜당 3~4개이고 흰색에서 점차 회색~회갈색이 된다.

갓이 거칠고 긴 털로 덮여 있으며 뻣뻣하다. 12월 22일

01 어린 버섯.
3월 19일

02 어린 버섯.
2월 6일

03 젊은 버섯.
12월 22일

04 젊은 버섯. 12월 22일

05 상세 모습. 2월 6일

구름버섯 (운지)

Trametes versicolor (L.) Llyod

구멍장이버섯과 | 식용 부적합(가죽질, 조금 쓴맛) | 약용(항종양, 고혈압, 간질환, 당뇨)
발생 봄~겨울, 넓은잎나무(참나무 등)나 소나무 고목~죽은 나무~그루터기~영지와 표고 재배목

갓 지름 1~5cm, 두께 1~2mm. 반달모양~부채모양~둥그스름한 모양이다. **윗면** 검은색~검푸른색이고, 회색~검은갈색~진갈색~노란갈색의 나이테무늬와 짧은 잔털이 있다. 갓살은 흰색. **밑면** 관구멍으로 되어 있으며, 관구멍은 1mm당 3~5개이고 흰색~노란색~회갈색이다.

갓이 검은색~검푸른색이다. 12월 22일

01 젊은 버섯. 2월 11일

02 젊은 버섯. 9월 4일

03 늙은 버섯. 4월 4일

04 상세 모습. 12월 22일

갈색꽃구름버섯

Stereum ostrea (Bl. & Nees) Fr.

꽃구름버섯과 | 식용 불가 | 독성분 여부 미상

발생 봄~겨울, 죽은 넓은잎나무~통나무

갓 지름 1~5㎝, 두께 0.5~1㎜. 콩팥모양~부채모양이다. **윗면** 흰회색~노란갈색~붉은갈색~오렌지갈색~어두운 갈색의 나이테무늬가 있고, 무늬별로 융단털이 있거나 없다. 갓살은 아주 얇은 가죽질이고, 마르면 단단해진다. **밑면** 흰색~흰노란회색~연갈색이며 밋밋하고 매끄럽다.

갓이 얇고 줄무늬가 있다. 9월 2일

01 어린 버섯. 2월 18일

02 어린 버섯. 6월 11일

03 다 자란 버섯. 3월 20일

04 늙은 버섯. 3월 26일

적갈색유관버섯 (유관버섯)

Abortiporus biennis (Bull.) Sing.
아교버섯과 | 식용 부적합(가죽질) | 약용(항종양)

발생 여름~가을, 넓은잎나무의 죽은 나무~그루터기~통나무나 죽은 나무의 뿌리가 묻힌 땅

갓 지름 3~10㎝, 두께 5~10㎜. 반달모양~부채모양이다. 윗면은 흰색에서 짙은 노란갈색이 되고 마르면 적갈색이 되며, 부드러운 잔털로 덮여 있고, 방사상 주름과 나이테무늬가 있다. 갓살은 섬유 같은 해면질층과 얇은 가죽질층의 2중으로 되어 있다. 밑면은 관구멍으로 되어 있으며, 관구멍은 미로 같고 1㎜당 1~2개이며 흰색에서 살색이 되고 습하면 붉은 액이 나온다. **자루** 길이 1~5㎝, 굵기 1~2㎝. 갓 한가운데나 조금 옆에 달리며, 자루가 없는 것도 있다. 겉면은 녹슨 갈색이고 부드러운 잔털이 있다.

여러 개가 맞붙어 꽃처럼 된다. 7월 7일

01 젊은 버섯.
7월 7일

02 다 자란 버섯.
7월 7일

03 늙은 버섯. 9월 4일

04 상세 모습. 6월 30일

덕다리버섯

Laetiporus sulphureus (Bull.) Murr.

잔나비버섯과 | 어릴 때 식용(조금 떫은 맛, 조금 신맛) | **약간 독성**
발생 늦봄~가을, 넓은잎나무나 소나무 고목~죽은 나무~그루터기

갓 지름 15~20㎝, 두께 0.5~2.5㎝. 30㎝까지 자라는 것도 있으며, 반달모양~부채모양이다. **윗면** 노란색~노란오렌지색에서 빛바랜 색이 된다. 갓살은 흰노란색이나 마르면 흰색이 되며, 두툼하고 탄력 있는 육질이 딱딱하고 코르크 같은 가죽질이 된다. **밑면** 관구멍으로 되어 있으며, 관구멍은 1㎜당 1~3개이고 노란색에서 노란갈색이 된다. ● **주의** 독일, 미국 등지에서 단단해지기 전의 어린 버섯을 식용하나 약간 독성이 있어 생식 또는 과식하거나 술과 함께 먹은 경우 체질에 따라 구역질, 구토, 어지럼증, 발열, 입술 발진을 일으키고 심하면 졸도하며 맛도 떨어지므로 되도록 먹지 않는 것이 좋다.

다 자란 버섯. 9월 5일

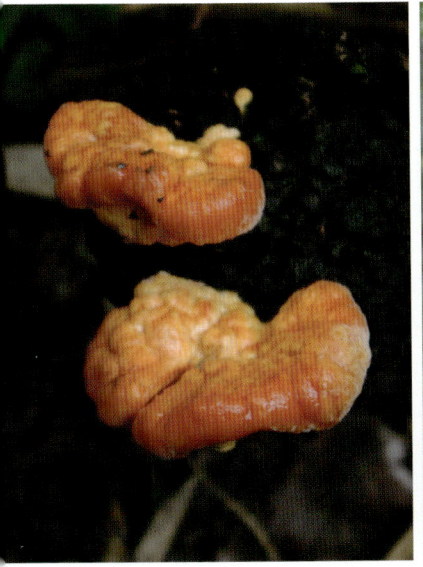

01 어린 버섯. 9월 7일 02 젊은 버섯. 8월 25일

03 다 자란 버섯. 9월 2일 04 상세 모습. 2월 9일

붉은덕다리버섯

Laetiporus miniatus (Jungh.) Overeem

잔나비버섯과 | 식용 불가 | 약간 독성

발생 봄~겨울, 소나무 고목~죽은 나무~그루터기

갓 지름 5~20㎝, 두께 1~2.5㎝. 지름 30~40㎝까지 자라는 것도 있으며, 반달모양~부채모양이다. **윗면** 붉은오렌지색~오렌지색~자주오렌지색에서 빛바랜 색이 되고, 마르면 흰색이 되며, 흰 가루가 있다. 갓살은 흰붉은색이고, 어릴 때는 탄력 있는 육질이나 점차 가볍고 잘 부서지는 코르크질이 된다. **밑면** 관구멍으로 되어 있으며, 관구멍은 1㎜당 2~4개이고 흰색에서 갈색이 된다. ● **주의** 약간 독성이 있어 생식 또는 과식하거나 술과 함께 먹은 경우 체질에 따라 구역질, 구토, 어지럼증, 발열, 입술 발진을 일으키고 심하면 졸도하며, 맛도 떨어지므로 되도록 먹지 않는 것이 좋다.

갓은 어릴 때 붉은오렌지색이고 밑면이 희다. 6월 15일

01 젊은 버섯.
10월 8일

02 다 자란 버섯.
9월 27일

03 상세 모습. 7월 16일

04 상세 모습. 7월 16일

붉은덕다리버섯

해면버섯

Phaeolus schweinitzii (Fr.) Pat.

잔나비버섯과 | 식용 부적합(해면질) | 약용(항종양)

발생 초봄~가을, 소나무나 일본잎갈나무 고목~그루터기~나무뿌리가 묻힌 땅

갓 지름 8~15㎝. 여러 개가 붙어서 30㎝까지 자라는 것도 있다. 윗면은 오렌지색에서 노란갈색이 되었다가 붉은갈색을 거쳐 어두운 갈색이 되며, 나이테 무늬와 울퉁불퉁한 요철이 생긴다. 갓 가장자리는 노란색~노란녹색이 연갈색이 되며, 갓살은 어두운 갈색이고 잘 부서지는 해면질이다. 상처는 검붉은 액이 나오고 검은갈색으로 변한다. 밑면은 관구멍으로 되어 있으며, 관구멍은 깊이 2~3㎜이고 노란색~노란녹색이 갈색을 거쳐 검은갈색이 된다. **자루** 길이 3~8㎝, 굵기 2~5㎝. 자루가 없는 것도 있다. 겉면은 갓과 같은 색이다.

주로 소나무 밑동에 난다. 2월 22일

01 어린 버섯.
6월 29일

02 어린 버섯.
7월 2일

03 젊은 버섯. 8월 30일

04 상세 모습. 2월 23일

등갈색미로버섯

Daedalea dickinsii (Berk. ex Cooke) Yasuda
잔나비버섯과 | 식용 부적합(해면질~가죽질, 아주 쓴맛) | 약용(항종양)
발생 봄~가을, 넓은잎나무(참나무) 죽은 나무~그루터기~통나무

갓 지름 3~20㎝, 두께 1~2.5㎝. **윗면** 베이지색~노란갈색~연회갈색이고 가장자리는 연한 색이며, 뚜렷한 띠무늬가 있고 때로 사마귀혹이 생긴다. 갓살은 연노란갈색이며, 위는 섬유상의 해면질이고 아래는 가죽질로 2중이다. **밑면** 관구멍으로 되어 있으며, 관구멍은 깊이 1~3㎜이고 연갈색이다.

뚜렷한 줄무늬와 사마귀가 있다. 7월 21일

01 어린 버섯. 9월 20일

02 젊은 버섯. 3월 27일

03 다 자란 버섯. 3월 30일

04 상세 모습. 3월 27일

등갈색미로버섯 · 577

잔나비버섯

Fomitopsis pinicola (Swartz.) P. Karst.

잔나비버섯과 | 식용 부적합(코르크질~목질, 부드러운 맛·조금 구수한 맛) | 약용(관절염, 항종양)
발생 봄~겨울(여러해살이), 소나무

갓 지름 4~30㎝, 두께 2~15㎝. 반달모양에서 점차 낮은 말굽모양이 된다. **윗면** 어릴 때 흰색을 띠고 점차 노란갈색~붉은갈색이 되었다가 늙으면 검은회색이 된다. 갓살은 연노란색이고 단단한 코르크질~목질이다. **밑면** 관구멍으로 되어 있으며, 관구멍은 1㎜당 4~5개이고 흰크림색이다.

갓 가장자리에 줄무늬가 있다. 2월 22일

01 젊은 버섯.
2월 22일

02 상세 모습.
2월 22일

03 상세 모습.
2월 22일

장미잔나비버섯

Fomitopsis rosea (Albert. & Schw.) Karst.

잔나비버섯과 | 식용 부적합(코르크질, 부드러운 맛·약간 달달한 맛) | 약용(류머티즘, 항종양)
발생 봄~겨울, 넓은잎나무(신갈나무 등)~고목~죽은 나무~그루터기

갓 지름 2~10㎝, 두께 1~3㎝. 반달모양에서 점차 낮은 말굽모양이 되며, 나무에 옆으로 붙거나 반쯤 거꾸로 붙는다. **윗면** 회보라색~회분홍색이고, 벨벳 같은 털로 덮여 있다가 점차 회갈색을 거쳐 검은갈색이 되며, 나이테가 생긴다. 갓살은 연분홍색이고 단단한 코르크질이다. **밑면** 관구멍으로 되어 있으며, 관구멍은 1㎜당 3~5개이고 회보라색~회분홍색이나 점차 갈색이 된다.

갓이 회분홍색이나 회보라색이다. 9월 4일

01 어린 버섯. 2월 7일　　**02** 어린 버섯. 9월 20일

03 젊은 버섯.
9월 20일

04 상세 모습.
9월 20일

장미잔나비버섯 · 581

잔나비불로초(잔나비걸상)

Ganoderma applanatum (Pers.) Pat.
불로초과 | 식용 부적합(코르크질) | 약용(항종양, 성인병)
발생 봄~겨울(여러해살이), 넓은잎나무나 소나무 고목

갓 지름 5~50㎝, 두께 5~15㎝. 지름 75㎝까지 자라는 것도 있으며, 반달모양에서 편평한 말굽모양이 된다. **윗면** 어릴 때 흰색이나 곧 붉은갈색 포자로 덮이고, 자라면 흰회색을 거쳐 회갈색이 되며, 나이테와 방사상 주름이 생긴다. 갓살은 진갈색. **밑면** 관구멍으로 되어 있으며, 관구멍은 1㎜당 4~6개이고 흰색에서 흰노란색이 되며 손으로 문지르면 붉은갈색으로 변한다.

갓에 나이테와 방사상 주름이 있다. 12월 28일

01 어린 버섯. 9월 10일

02 젊은 버섯. 2월 5일

03 젊은 버섯. 11월 15일

04 상세 모습. 3월 21일

말굽버섯

Fomes fomentarius (L.) Kickx

구멍장이버섯과 | 식용 부적합(섬유질~가죽질, 고구마맛·뒷맛은 쓴맛) | 약용(폐결핵, 항종양)

발생 여름~가을(여러해살이), 넓은잎나무(상수리나무, 참나무)~고목 등의 주로 위쪽

갓 지름 5~30㎝, 두께 3~20㎝. 대형과 소형이 있으며, 말굽모양이나 종모양이다. **윗면** 흰회갈색에서 노란회갈색이 되고 다 자라면 회갈색이 되며, 두꺼운 각질에 줄무늬와 켜모양의 나이테고랑이 있다. 갓살은 노란갈색이고, 매우 단단한 섬유질~가죽질이다. **밑면** 관구멍으로 되어 있으며, 관구멍은 1㎜당 2~5개이고 흰회색에서 점차 회색이 된다.

갓에 켜모양의 선명한 나이테가 있다. 10월 23일

01 어린 버섯. 2월 9일

02 젊은 버섯. 2월 9일

03 젊은 버섯.
　　1월 26일

04 상세 모습.
　　1월 26일

말굽버섯 · 585

한입버섯

Cryptoporus volvatus (Peck.) Shear

구멍장이버섯과 | 식용 부적합(가죽질~코르크질, 고구마 맛과 조금 쓴맛) | 약용(천식, 항종양)
발생 여름~늦겨울, 살아 있는 소나무나 고목

갓 지름 2~4㎝, 두께 1~2.5㎝. 밤톨모양. **윗면** 노란갈색~붉은갈색~밤갈색이고 윤기가 있으며, 갓살은 흰색이고 가죽질~코르크질이다. **밑면** 흰색~연노란색 외피막으로 덮여 있다가 지름 4~7㎜의 포자구멍이 생기며, 안쪽에 회갈색 관구멍이 있다. 관구멍은 1㎜당 3~5개이다.

밤톨모양이고 밑면이 외피막으로 덮여 있다. 5월 16일

01 어린 버섯. 5월 27일

02 어린 버섯. 5월 16일

03 다 자란 버섯. 4월 17일

04 상세 모습. 5월 15일

한입버섯

불로초 (영지)

Ganoderma lucidum (Curt.) P. Karst.
불로초과 | 식용 부적합(코르크질, 쓴맛) | 약용(항종양, 고혈압, 당뇨, 자양강장)
발생 여름~가을, 소나무숲과 넓은잎나무숲의 나무 밑동~죽은 나무(주로 졸참나무)~나무뿌리 묻힌 땅

갓 지름 5~15㎝, 두께 1~3㎝. 지름 30㎝까지 자라는 것도 있다. 어릴 때 원기둥모양에서 점차 콩팥모양~부채모양~둥근모양이 된다. 윗면은 어릴 때 노란색에 오렌지갈색 줄무늬가 생기고 윤기가 있으나 다 자라면 윤기 없는 붉은밤갈색이 된다. 갓살은 위층 흰색, 아래층 노란갈색으로 2중이며, 탄력 있는 코르크질이다. 밑면은 관구멍으로 되어 있으며, 관구멍은 1㎜당 5개이고 노란색에서 연노란갈색이 된다. **자루** 길이 2.5~20㎝, 굵기 0.5~1㎝. 갓 옆에 붙거나 가운데보다 조금 옆쪽에 붙는다. 겉면은 붉은밤갈색이고 윤기가 있다.

자랄 때는 갓에 윤기가 있다. 9월 1일

01 어린 버섯. 7월 6일

02 어린 버섯. 8월 23일

03 젊은 버섯. 8월 1일

04 상세 모습. 7월 23일

자흑색불로초

Ganoderma neojaponicum Imaz.

불로초과 | 식용 부적합(코르크질, 쓴맛이 매우 강함) | 약용(항종양, 고혈압, 당뇨, 자양강장)
발생 여름~겨울, 소나무숲의 살아 있는 나무 밑동~그루터기~나무뿌리가 묻힌 땅

갓 지름 5~12㎝, 두께 최대 7㎜. 어릴 때 원기둥모양에서 점차 콩팥모양~부채모양~둥근 모양이 된다. 윗면은 어릴 때 검은자주색에 흰색 테두리가 있고 윤기가 나지만 다 자라면 전체가 검은자주색이 되며, 방사상 주름과 나이테모양의 고랑이 있다. 밑면은 관구멍으로 되어 있으며, 관구멍은 둥근 모양이고 만지면 자주색으로 변한다. **자루** 길이 2.5~10㎝, 굵기 0.3~3㎝. 갓 옆 또는 한가운데보다 조금 옆쪽에 붙는다. 겉면은 검은색이다.

갓이 거무스름하다. 7월 17일

01 어린 버섯. 6월 16일

02 어린 버섯. 7월 15일

03 다 자란 버섯.
2월 18일

04 상세 모습.
9월 2일

자흑색불로초 · 591

검은등층층버섯

Porodaedalea lonicerina (Bond.) Imaz.
소나무비늘버섯과 | 식용 부적합(목질, 구수한 맛) | 약용(항종양, 성인병)
발생 봄~겨울(여러해살이), 넓은잎나무숲

갓 지름 5~8.5㎝. 편평한 모양에서 점차 둥근 산모양이 된다. **윗면** 진갈색에서 검은갈색이 되고 나이테와 균열이 생기며, 갓살은 단단한 목질이다. **밑면** 관구멍으로 되어 있으며, 관구멍은 1㎜당 5~6개이고 진갈색이다.

갓이 검고 둥근 산모양이다. 3월 22일

젊은 버섯. 3월 22일

상황진흙버섯 (목질진흙버섯)

Phellinus linteus (Berk. & Curt.) Teng
소나무비늘버섯과 | 식용 부적합(목질, 순하고 부드러운 맛) | 약용(항종양, 면역력 증강)
발생 봄~겨울(여러해살이), 넓은잎나무(특히 뽕나무, 산벚나무 등)의 살아 있는 나무~고목나무

갓 지름 6~15㎝, 두께 2~10㎝. 반원모양에서 말굽모양이 된다. **윗면** 어두운 갈색에서 검은갈색이 되고, 촘촘한 나이테와 방사상 균열이 생긴다. 갓살은 단단한 목질이다. **밑면** 여러 층의 미세한 관구멍으로 되어 있으며, 노란색에서 점차 노란갈색이 된다.

갓이 말굽모양이다. 2월 6일

어린 버섯. 8일 27일

찰진흙버섯

Phellinus robustus (P. Karst.) Bourd & Galz
소나무비늘버섯과 | 식용 부적합(목질, 순한 맛) | 약용(항종양, 면역력 증강)
발생 봄~겨울(여러해살이), 넓은잎나무(참나무 등)의 살아 있는 나무~고목

갓 지름 10~15㎝, 두께 1~3㎝. 진흙덩어리 모양이고 거꾸로 붙는다. **윗면** 회갈색~회검은색이고, 얕은 나이테무늬가 있으며, 울퉁불퉁하다. 갓살은 단단한 목질이다. **밑면** 여러 층의 아주 미세한 관구멍으로 되어 있으며 연노란 갈색이다.

진흙덩어리 모양이다. 3월 22일

다 자란 버섯. 3월 22일

찔레버섯

Phellinus ribis (Schumach.) Ryvarden

소나무비늘버섯과 | 식용 부적합(해면질~코르크질, 구수한 맛·조금 떫고 쌉쌀한 맛) | 약용(항종양)
발생 봄~겨울(여러해살이), 찔레나무 고목의 땅속뿌리나 지표면 근처의 밑동

갓 지름 3~20㎝, 두께 0.3~4㎝. 반달모양~부채모양~둥그스름한 모양이고, 옆으로 붙거나 빙 둘러 붙는다. **윗면** 노란갈색에서 검붉은갈색이 되고, 나이테모양의 고랑이 생긴다. 갓살은 단단한 해면질과 코르크질의 2중으로 되어 있다. **밑면** 아주 미세한 관구멍으로 되어 있으며, 노란갈색에서 갈색이 된다. 조금 흙냄새가 난다.

찔레나무 뿌리나 밑동에 올라온다. 3월 9일

01 어린 버섯. 2월 25일

02 어린 버섯. 2월 25일

03 젊은 버섯.
2월 25일

04 상세 모습.
2월 25일

복령

Wolfiporia extensa (Peck.) Ginns
구멍장이버섯과 | 식용(조금 달달한 맛과 조금 쌉쌀한 뒷맛) | 약용(항종양, 당뇨, 천식)
발생 봄~겨울(여러해살이), 죽은 지 5~6년 된 소나무(적송)의 땅 속 뿌리

지름 10~30㎝의 감자모양이다. **겉면** 연갈색~붉은갈색~검은갈색의 거친 껍질로 덮여 있고 갈라지기도 한다. **속살** 흰색~연붉은색이며, 단단한 과립질이다.

소나무 뿌리에 감자모양으로 난다. 5월 1일

01 다 자란 버섯.
5월 1일

02 다 자란 버섯.
5월 1일

03 상세 모습. 5월 6일

04 상세 모습. 5월 1일

목이

Auricularia auricula-judae (Bull.) Quél.
목이과 | 식용(담백한 맛) | 약용(빈혈, 동맥경화)
발생 봄~겨울, 넓은잎나무(참나무, 뽕나무, 느릅나무 등)의 죽은 나무~그루터기

갓 지름 3~10㎝. 귀모양 또는 접시모양이나 생김새가 불분명하고, 반투명의 붉은갈색~노란갈색~올리브갈색이다. 갓살은 얇고 부드러운 젤라틴질이나 마르면 단단한 연골질이 된다. **밑면** 엉성하고 성긴 연결맥이 있고, 미세한 흰색 털로 덮여 있다.

갓모양이 불분명한 귀모양이다. 5월 26일

01 다 자란 버섯. 5월 28일

02 다 자란 버섯. 12월 5일

03 늙은 버섯.
7월 3일

04 상세 모습.
5월 26일

털목이

Auricularia polytricha (Mont.) Sacc.

목이과 | 식용(조금 달달한 맛) | 약용(항종양, 류머티즘 통증, 중풍 마비) | **약간 독성**
발생 봄~가을, 넓은잎나무나 낙엽송 죽은 나무~그루터기~통나무~표고 재배목~떨어진 나뭇가지

갓 지름 3~10㎝, 두께 2~5㎜. 귀모양~둥근 깔때기모양~둥근 접시모양이며 거꾸로 뒤집혀 달린다. **윗면** 흰갈색이고 흰색 잔털이 있으며, 갓살은 부드러운 젤라틴질이나 마르면 단단한 연골질이 된다. **밑면** 자주밤갈색이다.

갓이 자주밤갈색이고 귀모양이다. 3월 25일

01 다 자란 버섯. 3월 25일   **02** 다 자란 버섯. 7월 26일
03 다 자란 버섯. 1월 26일   **04** 늙은 버섯. 2월 25일

좀목이

Exidia glandulosa (Bull.) Fr.
목이과 | 식용(별다른 맛이 없음)
발생 여름~가을, 넓은잎나무의 죽은 나무~그루터기~통나무~떨어진 나뭇가지

갓 지름 10㎝ 이상, 두께 0.5~5㎝. 둥그스름한 뇌모양으로 주름이 있으며, 마르면 종이처럼 얇아진다. **윗면** 검은갈색이고 미세한 돌기가 있으며, 갓살은 부드러운 젤라틴질이나 마르면 단단한 연골질이 된다.

뇌모양의 주름이 있다. 11월 20일

01 젊은 버섯.
11월 20일

02 다 자란 버섯.
3월 22일

03 다 자란 버섯. 3월 22일

04 상세 모습. 3월 22일

좀목이 · 607

아교좀목이

Exidia uvapassa Lloyd
목이과 | 식용(별다른 맛이 없음)
발생 여름~가을, 떨어진 나무토막~나뭇가지

갓 지름 3~18㎜의 초소형. 둥근 단추모양이며 마르면 쪼글쪼글하게 오그라든다. 아주 어릴 때는 투명한 흰갈색이나 점차 반투명하고 연한 살색~노란살색~붉은살색~갈색이 되며, 갓살은 부드러운 젤라틴질이나 마르면 단단한 연골질이 된다.

나뭇가지에 초소형으로 난다. 4월 8일

01 어린 버섯. 5월 13일   **02** 젊은 버섯. 4월 1일
03 다 자란 버섯. 4월 8일   **04** 상세 모습. 3월 22일

흰목이

Tremella fuciformis Berk.

목이과 | 식용(담백한 맛) | 약용(항종양, 폐결핵, 위장병, 성인병)

발생 봄~가을, 넓은잎나무 죽은 나무~통나무~떨어진 나무토막~나뭇가지

지름 3~10㎝, 높이 2~5㎝. **갓** 겹겹의 꽃모양이고, 가장자리가 물결처럼 구불거리며, 색은 반투명의 흰색이나 늙으면 연갈색이 된다. 갓살은 얇고 부드러운 젤라틴질이나 마르면 단단한 연골질이 된다.

반투명의 흰 꽃모양이다. 7월 1일

01 어린 버섯. 7월 1일

02 젊은 버섯. 7월 1일

03 다 자란 버섯. 7월 3일

04 늙은 버섯. 7월 14일

꽃흰목이

Tremella foliacea Pers.

목이과 | 식용(담백한 맛) | 약용(여성질환)

발생 봄~가을, 넓은잎나무(참나무 등)의 고목~죽은 나무~통나무~나무뿌리가 묻힌 땅

지름 6~12㎝, 높이 3~6㎝. **갓** 겹겹의 꽃모양이고, 가장자리가 물결처럼 구불거리며, 반투명의 연갈색~연분홍색~연자주갈색이다. 갓살은 얇고 부드러운 젤라틴질이나 마르면 단단한 연골질이 된다.

갈색 꽃모양이다. 10월 6일

01 젊은 버섯. 8월 29일 02 다 자란 버섯. 9월 10일

03 다 자란 버섯. 3월 2일 04 늙은 버섯. 3월 2일

꽃흰목이 · 613

붉은목이

Dacrymyces stillatus Nees

목이과 | 식용 불가 | 약용(외용) | **독성분 여부 미상**

발생 봄~가을, 넓은잎나무 죽은 나무~통나무~떨어진 나무토막~나뭇가지

지름 2~5㎝. **갓** 어릴 때 뇌모양에서 점차 꽃잎모양처럼 되며, 반투명 오렌지색~노란오렌지색이고 마르면 거무스름해진다. 갓살은 얇고 부드러운 젤라틴질이나 마르면 단단한 연골질이 된다.

오렌지색이다. 7월 4일

01 다 자란 버섯. 7월 4일   02 다 자란 버섯. 7월 4일

03 늙은 버섯. 5월 13일   04 늙은 버섯. 7월 6일

동충하초

Cordyceps militaris (L.) Link

동충하초과 | 식용(조금 싱겁고 달달한 맛) | 약용(폐암, 허약체질)
발생 여름~늦가을, 썩은 나무 묻힌 곳~낙엽 있는 땅속의 쐐기나방과 번데기 가슴이나 머리

전체 길이 3~6cm. 자루 달린 원기둥모양 또는 방망이모양이고, 밑동에 죽은 곤충 번데기가 붙어 있다. **머리** 길이 4~15㎜. 돌기모양의 자낭각(알갱이모양의 포자주머니)으로 덮여 있어 오톨도톨하다. 갓살은 연한 오렌지색이고 육질이 연하며 조금 비린내가 난다. **자루** 길이 1~5cm. 갓보다 조금 가늘며, 갓보다 옅거나 흰색이다.

오렌지색 방망이모양이다. 8월 29일

01 다 자란 버섯. 8월 29일

02 다 자란 버섯. 8월 20일

03 상세모습. 8월 20일

04 상세모습. 8월 29일

눈꽃동충하초

Paecilomyces tenuipes (Peck.) Samson

동충하초과 | 식용 부적합(가루질, 조금 구수한 맛) | 약용(면역력 강화, 당뇨, 고혈압)
발생 가을, 숲속 낙엽 쌓인 곳 땅속 곤충(나비목 등)의 애벌레~번데기~성충

전체 8~40㎜. 넓게 벌어진 나뭇가지 모양이며, 밑동에 죽은 곤충이나 번데기가 붙어 있다. 가지는 1~20갈래로 갈라지고, 흰색 포자가루로 덮여 있다. **자루** 지름 1~2.5㎜. 눌린 원통모양이며 연노란갈색이다.

눈꽃 핀 가지모양이다. 9월 19일

01 다 자란 버섯. 8월 25일

02 상세 모습. 8월 7일

03 상세 모습.
9월 15일

04 상세 모습.
8월 25일

찾아보기

⟨ㄱ⟩

가는꼴망태버섯 462
가죽밤그물버섯 224
간버섯 540
갈색꽃구름버섯 565
갈색먹물버섯 422
갈색쥐눈물버섯 422
갈황색미치광이버섯 528
개나리광대버섯 053
개능이 273
거친껄껄이그물버섯 204
검은등층층버섯 592
검은망그물버섯 212
검은비늘버섯 524
검은쓴맛그물버섯 212
검정그물버섯 209
고깔먹물버섯 425
고깔쥐눈물버섯 425
고동색우산버섯 032
고리갈색깔때기버섯 275
고염젖버섯 158
구름버섯 563
구릿빛그물버섯 171

구슬광대버섯 038
굴뚝버섯 278
굴털이젖버섯 165
굽은외대버섯 378
귀느타리 498
귀신그물버섯 194
그물버섯 168
기와버섯 130
긴골광대버섯아재비 027
긴대밤그물버섯 219
긴대안장버섯 488
긴뿌리광대버섯 076
깃싸리버섯 480
까치버섯 486
깔때기꾀꼬리버섯 360
깔때기무당버섯 141
깔때기버섯 338
깔때기뿔나팔버섯 360
껄껄이그물버섯 199
꽃구멍장이버섯 283
꽃방패버섯 280
꽃버섯 370
꽃잎우단버섯 518

꽃잎주름버짐버섯 518
꽃흰목이 612
꾀꼬리버섯 347
끈적긴뿌리버섯 515
끈적민뿌리버섯 515
끈적버섯아재비 296

⟨ㄴ⟩

나팔버섯 363
난버섯 522
냄새무당버섯 108
넓은갓젖버섯 156
넓은솔버섯 330
넓은주름긴뿌리버섯 330
노란가루광대버섯 055
노란귀느타리 496
노란꼭지버섯 386
노란꼭지외대버섯 386
노란다발 531
노란달걀버섯 050
노란대겨울우산버섯 538
노란대구멍장이버섯 538
노란대망그물버섯 206

노란막광대버섯 090
노란망태버섯 460
노란무당버섯 127
노란분말그물버섯 227
노란소똥버섯 392
노란젖버섯 154
노란종버섯 390
노란턱돌버섯 298
노랑끈적버섯 294
노랑싸리버섯 474
노루궁뎅이 506
녹색쓴맛그물버섯 235
눈꽃동충하초 618
느타리 494
능이버섯 270

〈ㄷ〉
다박싸리버섯 476
다발구멍장이버섯 280
다발방패버섯 280
다색벚꽃버섯 367
단풍사마귀버섯 484
달걀버섯 047
담갈색무당버섯 144
담황색주름버섯 306
당귀젖버섯 152
덕다리버섯 570
독우산광대버섯 097
동충하초 616

두엄먹물버섯 430
두엄흙물버섯 430
등갈색미로버섯 576
때죽도장버섯 550
때죽조개껍질버섯 550

〈ㅁ〉
마귀광대버섯 035
만가닥버섯 314
말굽버섯 584
말똥버섯 394
말똥버섯아재비 396
말뚝버섯 453
말불버섯 442
말징버섯 447
맛광대버섯 025
망태말뚝버섯 458
망태버섯 458
망토큰갓버섯 103
매운그물버섯 215
먹물버섯 432
먼지버섯 440
메꽃버섯부치 553
목도리방귀버섯 438
목이 602
목질진흙버섯 594
무당버섯 108
미치광이버섯 526
민긴뿌리버섯 372

민자주방망이버섯 333

〈ㅂ〉
밤색갓그물버섯 206
방망이싸리버섯 468
백황색광대버섯 063
백황색깔때기버섯 342
뱀껍질광대버섯 019
벌집구멍장이버섯 536
벌집버섯 536
베이지깔때기버섯 340
볏싸리버섯 478
볏짚버섯 374
복령 600
분말그물버섯 227
분홍망태버섯 460
불로초 588
붉은그물버섯 188
붉은껍질광대버섯 069
붉은꼭지버섯 384
붉은꼭지외대버섯 384
붉은꾀꼬리버섯 350
붉은나팔버섯 363
붉은대그물버섯 185
붉은덕다리버섯 572
붉은말뚝버섯 456
붉은목이 614
붉은비단그물버섯 265
붉은사슴뿔버섯 466

붉은산꽃버섯 370
붉은싸리버섯 472
붉은점박이광대버섯 041
비단그물버섯 256
뽕나무버섯 508
뽕나무버섯부치 510
뿌리광대버섯 078
뿌리자갈버섯 388

〈ㅅ〉
산그물버섯 179
산느타리 496
산속그물버섯아재비 182
삼색도장버섯 544
삿갓땀버섯 376
삿갓외대버섯 380
상황진흙버섯 594
새털젖버섯 163
색시졸각버섯 412
석이 490
세발버섯 464
소녀먹물버섯 427
소녀흙물버섯 427
솔미치광이버섯 526
솔방울귀신그물버섯 196
솔버섯 328
솔잣버섯 534
솜귀신그물버섯 194
솜털젖버섯 160

송이버섯 317
수원그물버섯 174
수원무당버섯 114
숲주름버섯 310
시루송편버섯 558
신알광대버섯 090
싸리버섯 470
쓴송이 322

〈ㅇ〉
아교좀목이 608
아까시재목버섯 555
아까시흰구멍버섯 555
알광대버섯 093
알광대버섯아재비 053
암적색분말광대버섯 044
암회색광대버섯아재비 022
애광대버섯 058
애기낙엽버섯 406
애기밀버섯 398
앵두낙엽버섯 408
양파광대버섯 082
연기색만가닥버섯 314
연지버섯 451
영지 588
외대덧버섯 382
외대버섯 378
우산버섯 029
운지 563

유관버섯 568
융단쓴맛그물버섯 243
은빛쓴맛그물버섯 238
일본광대버섯 074
일본연지그물버섯 248

〈ㅈ〉
자주둘레그물버섯 250
자주방망이버섯아재비 335
자주색줄낙엽버섯 403
자주졸각버섯 415
자흑색불로초 590
잔나비걸상 582
잔나비버섯 578
잔나비불로초 582
잣버섯 534
장미잔나비버섯 580
잿빛가루광대버섯 016
적갈색끈적버섯 290
적갈색유관버섯 568
적색신그물버섯 232
절구버섯 133
접시껄껄이그물버섯 199
젖버섯 147
젖버섯아재비 150
젖비단그물버섯 259
제주쓴맛그물버섯 240
조개껍질버섯 547
족제비눈물버섯 417

졸각버섯 410
좀나무싸리버섯 482
좀노란그물버섯 221
좀노란밤그물버섯 221
좀말불버섯 445
좀목이 606
좀우단버섯 520
좀은행잎버섯 520
주름껄껄이그물버섯 202
주름버섯 301
주름버섯아재비 308
주홍분말그물버섯 230
진갈색주름버섯 312
진홍색간버섯 542
짙은융단그물버섯 177
찔레버섯 598

〈ㅊ·ㅋ〉
찰진흙버섯 596
찹쌀떡버섯 449
청머루무당버섯 117
청변민그물버섯 268
큰갓버섯 100
큰낙엽버섯 400
큰눈물버섯 419
큰주머니광대버섯 066
키다리밤그물버섯 219

〈ㅌ·ㅍ〉
턱수염버섯 365
털귀신그물버섯 196
털목이 604
털밤그물버섯 217
테두리방귀버섯 435
파리버섯 061
팽나무버섯 512
팽이버섯 512
표고 501
푸른끈적버섯 286
푸른주름무당버섯 124
풍선끈적버섯 288

〈ㅎ〉
하얀마른가지버섯 504
하얀선녀버섯 504
한입버섯 586
할미송이 325
해면버섯 574
혈색무당버섯 111
홀트껄껄이그물버섯 202
황금꾀꼬리버섯 355
황금뿔나팔버섯 357
황소끈적버섯 292
황소비단그물버섯 262
회갈색무당버섯 139
회갈색민그물버섯 268
회색꾀꼬리버섯 353

회색망그물버섯 209
회색뿔나팔버섯 353
회색점광대버섯 080
흑자색그물버섯 191
흑자색쓴맛그물버섯 245
흙무당버섯 136
흰가시광대버섯 084
흰갈대버섯 105
흰갈색송이 320
흰구름버섯 560
흰구름송편버섯 560
흰굴뚝버섯 278
흰꽃무당버섯 120
흰독깔때기버섯 342
흰돌기광대버섯 071
흰둘레그물버섯 253
흰딱지광대버섯 087
흰목이 610
흰무당버섯 124
흰무당버섯아재비 122
흰삿갓깔때기버섯 340
흰알광대버섯 095
흰주름버섯 303
흰큰우산버섯 105
흰털깔때기버섯 344

우리 몸에 좋은
버섯작은사전 250

글쓴이 솔 뫼 | **펴낸이** 유재영 | **펴낸곳** 그린홈 | **기획** 이화진 | **편집** 김기숙 | **디자인** 정민애
1판 1쇄 2015년 6월 15일 | **1판 2쇄** 2019년 10월 31일 |
출판등록 1987년 11월 27일 제10-149
주소 04083 서울 마포구 토정로 53(합정동) | **전화** 324-6130, 324-6131
팩스 324-6135 | **E-메일** dhsbook@hanmail.net
홈페이지 www.donghaksa.co.kr · www.green-home.co.kr

ⓒ 솔뫼, 2015

ISBN 978-89-7190-488-6 13480

- 이 책은 실로 꿰맨 사철제본으로 튼튼합니다.
- 파본 등의 이유로 반송이 필요할 경우에는 구매처에서 교환하시고,
  출판사 교환이 필요할 경우에는 위의 주소로 반송 사유를 적어 도서와 함께 보내주세요.
- 저자와의 협의에 의해 인지를 생략합니다.
- 이 책은 저작권법에 따라 보호를 받는 저작물이므로 무단전재나 복제, 광전자 매체 수록 등을 금합니다.
- 이 책의 내용과 사진의 저작권 문의는 주식회사 동학사(그린홈)로 해주십시오.

Green Home은 자연과 함께 하는 건강한 삶, 반려동물과의 감성 교류, 내 몸을 위한 치유 등 지친 현대인의 생활에 활력을 주고 마음을 힐링시키는 자연주의 라이프를 추구합니다.